Excel 高效办公

文秘与行政办公

AI 版

凤凰高新教育 编著

北京大学出版社

PEKING UNIVERSITY PRESS

内 容 简 介

随着信息技术的快速发展，Excel作为一款功能强大的电子表格软件，已经被广泛应用于文秘与行政办公领域。Excel不仅可以帮助文秘人员和行政助理高效地处理数据、制作报表和统计图表，还可以自动化处理各种日常工作，从而节省时间和精力，提高工作效率。

本书创新地将ChatGPT引入Excel行政与文秘办公技能的学习中，其提问与使用方法同样适用于国内常用的AI语言大模型，如百度的"文心一言"、科大迅飞的"星火"大模型。本书先通过ChatGPT认识和了解文秘与行政工作中的基础知识，再根据实际案例，讲述在文秘与行政工作中使用Excel制作各种办公表格的方法。

本书既适合从事文秘与行政工作的人员学习，也适合作为广大院校文秘与行政相关专业的教学用书，同时还可以作为文秘与行政技能培训教材。

图书在版编目(CIP)数据

Excel高效办公. 文秘与行政办公：AI版 / 凤凰高新教育编著. — 北京：北京大学出版社，2024.1

ISBN 978-7-301-34590-0

Ⅰ.①E⋯ Ⅱ.①凤⋯ Ⅲ.①表处理软件 Ⅳ.①TP391.13

中国国家版本馆CIP数据核字（2023）第202538号

书　　　　名	Excel高效办公：文秘与行政办公（AI版） EXCEL GAOXIAO BANGONG：WENMI YU XINGZHENG BANGONG（AI BAN）
著作责任者	凤凰高新教育　编著
责 任 编 辑	王继伟　刘　倩
标 准 书 号	ISBN 978-7-301-34590-0
出 版 发 行	北京大学出版社
地　　　　址	北京市海淀区成府路205 号　100871
网　　　　址	http://www.pup.cn　　新浪微博:@ 北京大学出版社
电 子 邮 箱	编辑部 pup7@pup.cn　总编室 zpup@pup.cn
电　　　　话	邮购部 010-62752015　发行部 010-62750672　编辑部 010-62570390
印 刷 者	北京圣夫亚美印刷有限公司
经 销 者	新华书店
	720毫米×1020毫米　16开本　19印张　347千字 2024年1月第1版　2024年1月第1次印刷
印　　　　数	1—3000册
定　　　　价	89.00元

前言

INTRODUCTION

文秘与行政工作日常事务繁多，因此从业者必须是制作各种文档的多面手。

员工入职与离职，应该怎样做好工作交接？

办公室人员会议行程往来，怎样才能井然有序？

恰逢工作总结与汇报时，如何才能简单清晰地展示工作报告？

学习完本书，你就能应用Excel轻松解决以上问题！

 本书特色

◆ 案例丰富，参考性强

本书不是一本Excel软件学习书，而是一本以如何使用Excel解决文秘与行政工作中的相关事务为出发点的专著。全书结合工作应用实际，精心安排了丰富的工作案例模板，实用性强。

◆ 实战经验，不走弯路

本书旨在帮助文秘与行政管理从业者使用Excel来提高工作效率。内容设计从文秘与行政管理工作实际出发，考虑到工作中各项事务的数据统计、分析与处理等要求，精心安排了相关案例进行讲解。同时，总结了33个"ChatGPT答疑与点拨"，65个"温馨提示"和27个"教您一招"的内容，让读者快速掌握Excel高效处理文秘与行政管理工作中的技巧与经验。

◆ 双栏排版，内容超多

本书在讲解中，采用双栏排版方式进行编写，其信息容量比传统单栏图书更大，力争将内容讲全、讲透。

◆ **配套资源，轻松学习**

❶提供与书中知识讲解同步的学习文件（包括素材文件与结果文件）；❷提供与书中同步的视频教学文件；❸提供制作精美的PPT课件。

◆ **额外赠送，超值实用**

除了提供书中配套的学习资源，还额外赠送丰富的学习资源。❶赠送500个精选的Office商务办公实用模板，包括200个Word商务办公模板、200个Excel商务办公模板、100个PPT商务办公模板；❷赠送《10招精通超级时间整理术》和《五分钟教你学会番茄工作法》视频教程，专家教你如何整理时间、管理时间，如何有效利用时间；❸赠送《ChatGPT的调用方法与操作说明手册》电子书；❹赠送《国内AI语言大模型简介与操作手册》电子书。

> **温馨提示 ●**
>
> 　　本书附赠资源可用微信扫描下方其中一个二维码，关注微信公众号，输入本书77页资源下载码，根据提示获取。

新精英充电站　　　博雅读书社

创作者说

本书由凤凰高新教育策划并组织老师编写，他们具有丰富的Excel职场应用经验和文秘与行政管理实战经验，对于老师们的辛苦付出，在此表示衷心的感谢！

在本书的编写过程中，我们竭尽所能地为您呈现最好、最全的实用功能，但仍难免有疏漏和不妥之处，敬请广大读者不吝指正。若您在学习过程中产生疑问或有任何建议，可以通过E-mail与我们联系。读者邮箱：2751801073@qq.com。

目录 **Excel**

■ CONTENTS ■

第1章

员工档案管理

本章导读

　　员工是企业的中流砥柱，也是企业的重点管理对象，员工的档案管理是文秘与行政工作中重要的环节。本章将通过ChatGPT让读者学习和掌握员工档案管理的基础知识，再通过制作《新员工档案表》《员工资料登记表》《员工数据统计表》，学习如何使用Excel创建表格、编辑和美化表格，并根据表格中的数据进行计算和统计，完善员工档案管理工作。

知识要点

- 新建工作簿
- 录入数据
- 调整行高和列宽
- 设置单元格格式
- 设置表格边框
- 使用公式统计数据

1.1 使用 ChatGPT 了解员工档案管理

在文秘与行政工作中，员工档案管理是每一个企业都需要进行的基础管理工作，那什么是员工档案管理，员工档案管理又需要做些什么呢？与其苦苦思索，不如与ChatGPT一起来聊一聊，了解员工档案管理的基础知识。

1.1.1 什么是员工档案管理

在文秘与行政工作中，员工管理工作是重要的事项之一，为了更好地管理员工和实现业务目标，在学习之前，先来看看ChatGPT是如何解释什么是员工档案管理的。

> 🔟 **提问：** 什么是员工档案管理？

⑤ChatGPT：

员工档案管理是指对员工的个人信息、雇佣合同、工作经历、绩效评估、薪酬信息、福利和补偿等进行记录、维护和管理的过程。这些信息都是组织或公司在管理员工时需要的关键数据，良好的员工档案管理可以帮助组织更好地了解员工的技能和经验，更好地规划和执行组织的人力资源策略，从而提高组织的工作效率和员工的工作满意度。

员工档案管理通常由人力资源部门负责实施和维护，其目的是确保组织拥有准确、完整和及时的员工信息，以便更好地管理员工、制订薪酬和福利计划、进行员工绩效评估及规划员工的职业发展。良好的员工档案管理可以提高组织的透明度和公正性，促进

员工的参与感和忠诚度，从而提高组织的整体业务绩效和效率。

值得注意的是，员工档案管理需要遵守相关的法律法规，特别是保护员工隐私和保密性的规定。组织或公司需要采取必要的措施来保护员工档案的安全性和保密性，避免信息泄露和滥用的风险。

从以上回复可知，员工档案管理工作并非小事，对于组织和员工的发展与管理都有着重要的影响。只有通过良好的档案管理实践，才能更好地规划和执行人力资源策略，提高组织和员工的绩效与效率。

1.1.2 员工档案管理要做些什么

明白了员工档案管理工作的重要性，那么接下来可以再了解一下如果要进行档案管理，需要经手的具体事项有哪些。

> 🔟 **提问：** 员工档案管理的具体事项有哪些？

⑤ChatGPT：

员工档案管理的具体事项包括以下几个方面。

1. 员工信息的收集和记录：人力资源部门需要收集并记录员工的基本信息，如姓名、出生日期、联系方式、身份证号码等。同时还需要记录员工的雇佣合同、工作经历、薪酬和福利信息、绩效评估结果等。

2. 员工档案的管理和维护：人力资源部门需要制定相关的档案管理政策和流程，确保员工档案的安全性和保密性。同时还需要

及时更新员工档案的信息，并确保员工档案的完整性和准确性。

3. 员工档案的使用和查询：人力资源部门需要对员工档案的使用和查询进行管理和监控，确保员工档案的使用符合法律法规和组织的政策要求。员工本人也可以查询自己的档案信息，但需要遵守相关规定和程序。

4. 员工档案的保存和归档：人力资源部门需要根据相关法律法规和组织的政策要求，对员工档案进行保存和归档。特别是在员工离职后，需要对员工档案进行归档和保留一定时间，以备后续使用或查询。

5. 员工档案的数字化管理：随着数字化技术的发展，许多组织开始采用数字化管理员工档案，以提高信息的处理效率和精度。这包括将员工档案进行数字化存储和共享，以及采用电子签名和电子认证等技术手段保证信息的真实性和保密性。

综上所述，员工档案管理是一项非常细致和复杂的工作，需要组织在人力资源管理方面具备一定的专业知识和能力。只有通过有效的员工档案管理实践，组织才能更好地了解员工的技能和经验，更好地规划和执行人力资源策略，提高组织的工作效率和员工的工作满意度。

从以上回复可知，虽然员工档案的具体事项很多，但在 ChatGPT 的提醒下，可以让我们更有条理地整理档案，从而轻松应对海量的人员信息。

1.1.3 员工档案管理的注意事项

员工档案管理的工作内容较多，需要十分细心才能准确无误地将其记录在案，

所以在制作员工档案之前，先记住 ChatGPT 的提醒事项，避免工作失误。

> 提问：员工档案管理的注意事项有哪些？

ChatGPT：

员工档案管理是一项非常重要的任务，需要注意以下几个事项。

1. 保护员工隐私和保密性：员工档案中包含大量敏感信息，如员工的身份证号码、薪酬和福利信息等，需要严格保护员工的隐私，避免信息泄露和滥用的风险。

2. 保证员工档案的准确性和完整性：人力资源部门需要及时更新员工档案的信息，并确保员工档案的准确性和完整性。这包括对员工的基本信息、工作经历、绩效评估结果等进行记录和管理，并在员工离职后对员工档案进行归档和保留一定时间。

3. 遵守相关法律法规和组织政策：员工档案管理需要遵守相关法律法规和组织政策，如《中华人民共和国劳动法》《人事档案管理办法》等，确保档案管理符合规范和标准。

4. 员工档案的安全保障：人力资源部门需要对员工档案的安全性进行保障，如加强员工档案的物理安全和网络安全，制定员工档案管理政策和流程等。

5. 采用数字化技术进行管理：随着数字化技术的发展，许多组织开始采用数字化管理员工档案，需要注意采用安全可靠的技术手段，确保数字化管理的安全性和保密性。

综上所述，员工档案管理工作需要组织在人力资源管理方面具备一定的专业知识和能力，注重保护员工的隐私和保密性，确保员工档案的准确性和完整性，遵守相关法律

法规和组织政策，加强员工档案的安全保障，并合理采用数字化技术进行管理。

由此可见，员工的档案管理工作比较烦琐，需要制作各种表格进行分类管理，所以文秘与行政一定要掌握使用Excel制作各种表格的方法。那么，接下来就一起学习如何制作员工档案管理文档吧。

1.2 创建《新员工档案表》

在文秘与行政工作中，员工档案表是企业必备的表格，通过员工档案表，可以了解员工的大致情况，以方便业务的展开。员工档案表包含的信息不必太多，通常包括姓名、性别、籍贯、身份证号码、学历、职位、电话等基本信息。

在创建员工档案表时，首先要新建工作簿，使用不同的方法录入各种类型的数据，录入完成后，根据表格内容调整行高和列宽，并对工作表进行美化。实例最终效果见"结果文件\第1章\新员工档案表.xlsx"文件。

簿】按钮，新建空白工作簿，如下图所示。

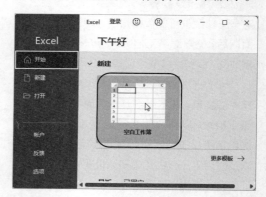

第2步 ▶ 系统将新建一个空白的名为【工作簿1】的工作簿，单击【文件】菜单，如下图所示。

1.2.1 新建档案表基本表格

在制作员工档案表时，首先要创建一个Excel表格文件，本节将新建一个空白工作簿，然后将其保存，设置文件名为"新员工档案表"，操作方法如下。

第1步 ▶ 启动Excel程序，单击【空白工作

第3步 ▶ 打开【文件】选项卡并自动定位到【另存为】选项界面中，单击右侧选择【浏览】选项，如下图所示。

教您一招：快速保存工作簿

如果是打开已有工作簿，可以直接单击【保存】按钮，或者按【Ctrl+S】组合键快速保存工作簿。

第4步 ❶弹出【另存为】对话框，选择文件保存路径，设置文件名称和文件保存类型；❷完成后单击【保存】按钮，如下图所示。

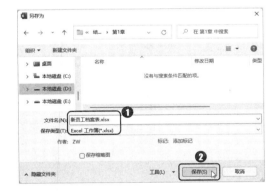

教您一招：更改工作簿名称

如果要更改已保存的工作簿名称，可以在磁盘中保存文件的位置右击工作簿，在弹出的快捷菜单中选择【重命名】命令，然后输入新文件名即可。

1.2.2 录入员工基本信息

按照上述操作新建空白工作簿并保存之后，用户可以手动输入和填充相应的内容，具体操作方法如下。

1. 录入文本内容

在Excel中，每个单元格中的内容具有多种数据格式，不同的数据内容在录入时有一定的区别。如果是录入普通的文本和数值，在选择单元格后直接输入内容即可，具体操作方法如下。

第1步 ❶单击工作表中的第1个单元格，将单元格选中，直接输入文本内容；❷按【Tab】键，快速选择右侧单元格，用相同的方法输入其他文本内容，如下图所示。

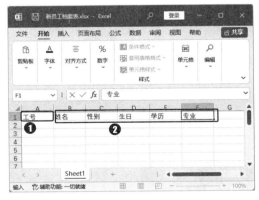

第2步 ❶将光标定位到B2单元格，输入第1个员工的姓名；❷按下【Enter】键自动切换至下方的B3单元格，再输入第2个员工的姓名。使用相同的方法输入其他员工的姓名，如下图所示。

选项，如下图所示。

2. 填充数据

在单元格中输入数据时，如果数据是连续的，可以使用填充数据功能快速输入数据，操作方法如下。

第1步 ❶选择 A2 单元格，在单元格中输入工号"9877001"；❷再将鼠标指针指向所选单元格右下角的填充柄，此时鼠标指针将变为+形状，按下鼠标左键不放，向下拖动填充柄，将填充区域拖动至目标单元格，如下图所示。

第2步 ❶单击【自动填充选项】按钮；❷在弹出的快捷菜单中选择【填充序列】

温馨提示●

如果填充的数据是文本型，拖动填充柄时会自动填充连续数值序列；如果填充的数据是数值型，在拖动时按住【Ctrl】键即可填充连续的数值。

第3步 操作完成后即可看到目标单元格已经按序列填充，完成编号的录入，如下图所示。

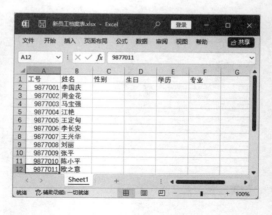

3. 输入日期格式数据

日期型数据有多种形式，在 Excel 表格中录入日期数据时，默认以"2023/2/25"格式显示。如果想要用其他日期格式，例如，"2023年2月25日"，可以先为单元格设置数据类型，再录入日期，操作方法如下。

第1步 ❶选中要输入日期数据的单元格；❷单击【开始】选项卡下【数字】组中的【数字格式】按钮⬚，如下图所示。

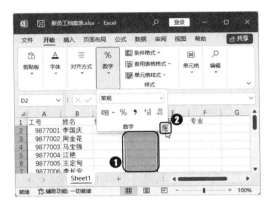

第2步 打开【设置单元格格式】对话框，❶选择【数字】选项卡下的【日期】选项；❷在【类型】中选择日期数据的类型；❸单击【确定】按钮，如下图所示。

第3步 完成单元格日期格式的设置后，输入日期数据，如下图所示。

温馨提示●

输入日期需要在年、月、日之间用"/"或"－"隔开，例如，在单元格中输入"23/1/10"，按下【Enter】键后将自动显示为日期格式"2023/1/10"。

第4步 按【Enter】键，即可自动转换为设置的日期格式，然后使用相同的方法录入其他日期即可，如下图所示。

4. 快速输入相同的数据

在输入表格数据时，如果要在某些单

元格中输入相同的数据，此时可以使用以下的方法快速输入。本例以输入"性别"栏的数据为例，介绍快速输入相同数据的方法。

第1步 ▶ 按【Ctrl】键选择所有需要输入相同数据"男"的单元格，选中后直接输入"男"，如下图所示。

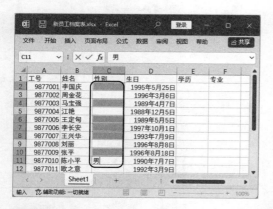

第2步 ▶ 按【Ctrl+Enter】组合键，可将该数据填充至所有选择的单元格中。使用相同的方法在剩下的单元格中输入"女"即可，如下图所示。

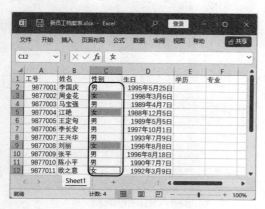

5. 使用下拉列表输入数据

在表格中输入数据时，为了保证数据的准确性，方便以后对数据进行查找，对相同的数据应使用相同的描述。如"学历"中需要使用的"大专"和"专科"有着相同的含义，而在录入数据时，应使用统一的描述，如统一使用"专科"进行表示。此时，可以使用【数据验证】的功能为单元格加入限制，防止同一种数据有多种表现形式，对单元格内容添加允许输入的数据序列，并提供下拉按钮进行选择，具体操作方法如下。

第1步 ▶ ❶选中要设置数据验证的单元格区域；❷单击【数据】选项卡【数据工具】组中的【数据验证】按钮，如下图所示。

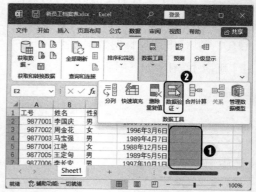

第2步 ▶ 打开【数据验证】对话框，❶在【设置】选项卡的【允许】下拉列表中选择【序列】；❷在【来源】文本框中输入数据，数据之间以英文的逗号隔开；❸单击【确定】按钮，如下图所示。

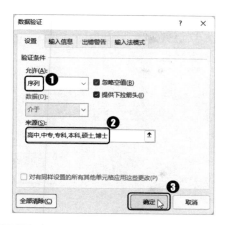

第3步 ▶ 返回工作表中，单击设置了数据验证的单元格区域中的任意单元格，右侧将出现下拉按钮，选择单元格右侧的下拉按钮▼，在下拉列表框中选择数据，如下图所示。

6. 使用记忆功能输入

在录入数据内容时，如果输入的数据已经在其他单元格中存在，可以借助Excel中的记忆功能快速输入数据，具体操作方法如下。

第1步 ▶ 在【专业】列中输入数据内容，在输入过程中如果遇到出现过的数据，在

输入部分数据后将自动出现完整的数据内容，按【Enter】键即可完成数据输入，如下图所示。

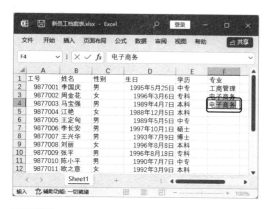

第2步 ▶ 继续输入其他数据，如果遇到出现过的数据，使用以上的方法来输入，如下图所示。

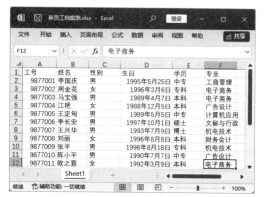

温馨提示●

当输入数据的部分内容时，如果Excel不能从已存在的数据中找出唯一的数据，则不会出现提示。如表格中已经有"广告设计"和"广告营销"两个数据，当在新单元格中输入"广告"两个字时，Excel无法确定将引用哪一个数据，此时就不会显示提示。

1.2.3 编辑行、列和单元格

在 Excel 表格中录入了数据之后，有时候需要对表格中的单元格或单元格区域进行一些编辑和调整，如插入或删除行、列，调整列宽、行高等操作。

1. 在工作表中插入行和列

在表格制作的过程中，如果发现需要添加行和列来增添数据，可以使用插入行和列的命令来完成。例如，要在工作表中增加一行标题行和身份证号码列，可以分别插入行和列，具体操作方法如下。

第1步 ❶单击第一行的行标，选择该行；❷单击【开始】选项卡【单元格】组中的【插入】按钮，如下图所示。

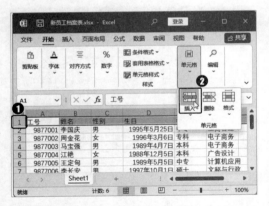

第2步 操作完成后即可在表格上方插入行。❶单击【学历】所在列的列标选择该列；❷单击【开始】选项卡【单元格】组中的【插入】下拉按钮；❸在弹出的下拉菜单中选择【插入工作表列】选项，如下图所示。

第3步 操作完成后，即可在目标位置插入列，如下图所示。

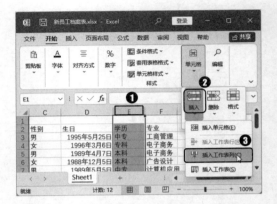

2. 合并单元格

如果要在表格的上方添加标题，那么需要将标题行执行合并单元格的操作，以输入表格标题文档，具体操作方法如下。

第1步 ❶选择 A1:G1 单元格区域；❷单击【开始】选项卡【对齐方式】组中的【合并后居中】按钮，如下图所示。

第2步 ▶ 操作完成后，即可看到所选单元格区域已经合并为一个单元格，如下图所示。

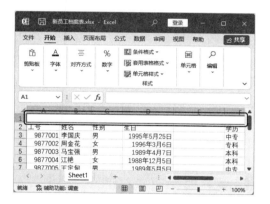

3. 调整行高与列宽

因为单元格中输入的内容不同，所需要的行高和列宽也有所不同。例如，标题行需要用比普通表格数据更大的文本来表示，为了完整地显示标题文本，需要调整行高；身份证号码列为了显示完整的身份证号码，需要调整列宽，下面分别调整工作表的行高和列宽。

第1步 ▶ 在插入的行和列中输入标题行和表头文本，❶选中标题行；❷单击【开始】选项卡【单元格】组中的【格式】下拉按钮；

❸在弹出的下拉菜单中选择【行高】命令，如下图所示。

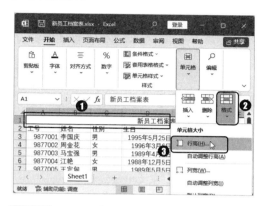

第2步 ▶ 打开【行高】对话框，❶在【行高】文本框中输入需要的行高；❷单击【确定】按钮，如右图所示。

第3步 ▶ 将鼠标指针置于E列与F列之间的分隔线处，当鼠标指针变为✛时，按住鼠标左键拖动所在列的分隔线，如下图所示。

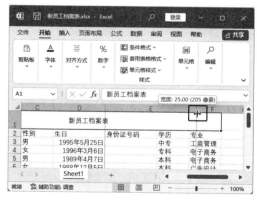

> **温馨提示** ▶
>
> 拖动分隔线可以快速调整行高和列宽，但是，如果需要精确的行高或列宽，就可以使用菜单命令来操作。

第4步 ❶选中要录入身份证号码的单元格区域；❷单击【开始】选项卡【数字】组中的【数字格式】下拉按钮；❸在弹出的下拉菜单中选择【文本】选项，如下图所示。

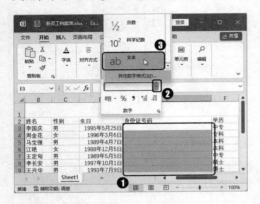

温馨提示

在Excel单元格中输入超过11位的数字时，系统会自动使用科学记数法表示，将数字格式设置为文本，就可以在单元格中输入超过11位的数字。

第5步 在身份证号码栏下方的单元格中录入身份证号码即可，如下图所示。

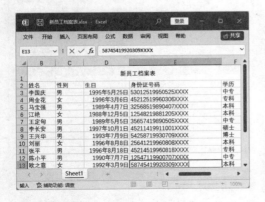

1.2.4 美化工作表

在数据录入完成后，为了使表格的数据更加清晰，使表格更加美观，可以为表格添加样式，操作方法如下。

第1步 ❶选中 A2:G13 单元格区域；❷单击【开始】选项卡【样式】组中的【套用表格格式】下拉按钮；❸在弹出的下拉菜单中选择一种表格样式，如下图所示。

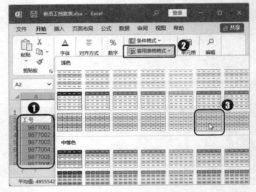

第2步 打开【创建表】对话框，直接单击【确定】按钮，如右图所示。

第3步 ❶单击【表设计】选项卡【工具】组中的【转换为区域】选项；❷在弹出的提示对话框中单击【是】按钮，如下图所示。

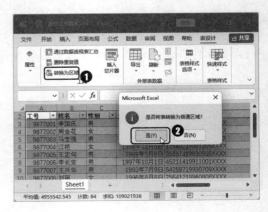

第4步 ▶ 单击【开始】选项卡【对齐方式】组中的【居中】按钮 ≡，如下图所示。

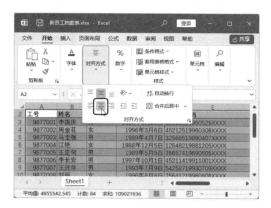

第5步 ▶ ❶选中A1单元格；❷单击【开始】选项卡【字体】组中的【字体】下拉按钮，在弹出的下拉菜单中选择一种字体；❸单击【字号】下拉按钮，在弹出的下拉菜单中选择合适的字号；❹单击【字体颜色】下拉按钮 △，在弹出的下拉菜单中选择一种字体颜色，如下图所示。

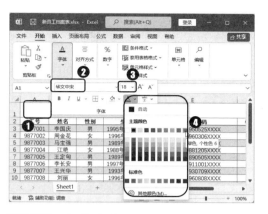

第6步 ▶ 操作完成后，即可看到工作表的最终效果，如下图所示。

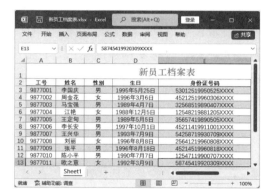

1.3 创建《员工资料登记表》

员工资料是员工档案的一部分，可以帮助人力资源部了解员工的基本情况。员工资料的内容除了员工的基本信息外，还包括家庭状况、血型、个人经历、兴趣爱好、家庭通信地址、紧急通信联络方式、个人教育背景和培训情况等。

在创建员工资料登记表时，首先需要制作出大体框架，然后根据表格填写的实际情况合并单元格，并调整行高、列宽，再设置字体样式，最后为表格添加边框。实例最终效果见"结果文件\第1章\员工资料登记表.xlsx"文件。

员工个人资料登记表							
部门				员工编号			
姓名		身份证号码		性别		照片	
出生日期		民族		籍贯			
婚姻状态		血型		学历			
入职时间		职称		联系电话			
电子邮件							
住宅地址							
教育背景	时间	学校名称	专业	学习时间	获得学位或资格		
专业能力							
主要经历	学习/工作	地点	职务	工作时间	离职原因		

1.3.1 新建员工资料登记表

在制作员工资料登记表时，首先需要新建工作簿，再建立表格的框架，具体操作方法如下。

第1步 ❶在目标文件夹的空白处右击；❷在弹出的快捷菜单中选择【Microsoft Excel 工作表】选项，如下图所示。

第2步 将在文件夹中新建一个工作簿，文件名呈可编辑状态，直接输入"员工资料登记表"，单击文件夹任意空白处，或按【Enter】键确认，如下图所示。

第3步 双击新建的工作簿，打开工作簿，输入员工资料登记表的相关文本，如下图所示。

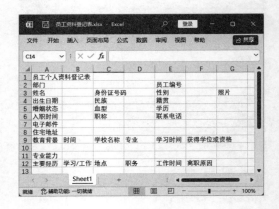

1.3.2 设置单元格格式

表格的框架制作完成后，需要调整单元格的相关格式，例如，合并单元格、调整行高等，具体操作方法如下。

第1步 ❶选择 A1:H1 单元格区域；❷单击【开始】选项卡【对齐方式】组中的【合并后居中】按钮国，如下图所示。

第2步 使用相同的方法分别合并 B2:D2、F2: H2、G3:H6、B7:H7、B8:H8、A9:A12、

F9:H9、F10:H10、F11:H11、F12:H12、B13:H13、A14: A17、F14:H14、F15:H15、F16:H16、F17:H17单元格区域，如下图所示。

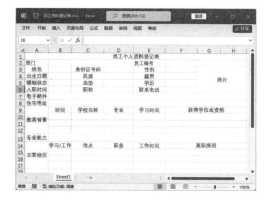

第3步 将鼠标指针移动到12行和13行之间的分隔线处，当鼠标指针变为➕时，按住鼠标左键拖动所在行的分隔线调整行高，如下图所示。

1.3.3 设置字体样式

工作表中默认的字体为"等线，11号"，可以通过设置字体样式，为工作表中的各个区域设置不同的字体样式，具体操作方法如下。

第1步 ❶按【Ctrl】键选择G3、A9、A13、A14单元格；❷单击【开始】选项卡【对齐方式】组中的【方向】下拉按钮 ✋ ；❸在弹出的下拉菜单中选择【竖排文字】选项，如下图所示。

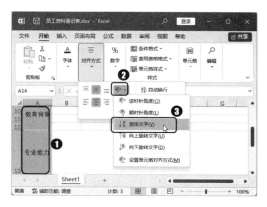

第2步 ❶选择A1单元格；❷在【开始】选项卡【字体】组中设置字体、字号和字体颜色，如下图所示。

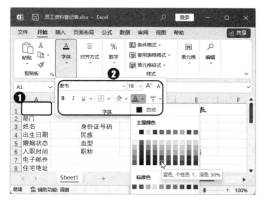

教您一招：设置文字的任意方向排列

单元格中的文字除了可以横排和竖排外，也可以设置任意方向排列，方法是：选择要设置文字方向的单元格后，单击【开始】选项卡【对齐方式】组中的【方向】下拉按钮 ✋ ，在

15

弹出的下拉菜单中选择【设置单元格对齐方式】选项，在弹出的【设置单元格格式】对话框的【对齐】选项卡中设置方向的度数即可。

第3步 ▶ ❶选择A2:H17单元格区域；❷在【开始】选项卡【字体】组中设置字体样式，如下图所示。

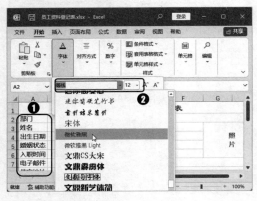

第4步 ▶ ❶选择A2:H2单元格区域；❷单击【开始】选项卡【字体】组中的【减小字号】按钮A˘，如下图所示。

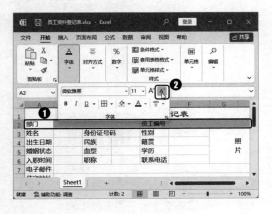

1.3.4 设置表格边框

工作表制作完成后，可以为其设置边框，具体操作方法如下。

第1步 ▶ ❶选择A3:H17单元格区域；❷单击【开始】选项卡【字体】组中的【边框】下拉按钮⊞˘；❸在弹出的下拉菜单中选择【所有框线】命令，如下图所示。

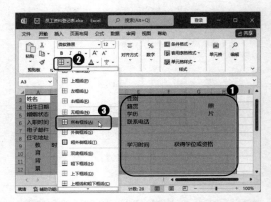

第2步 ▶ 根据实际情况调整列宽，即可完成本例的操作，如下图所示。

	A	B	C	D	E	F	G	H
1				员工个人资料登记表				
2	部门				员工编号			
3	姓名		身份证号码		性别			
4	出生日期		民族		籍贯		照	
5	婚姻状态		血型		学历		片	
6	入职时间		职称		联系电话			
7	电子邮件							
8	住宅地址							
9	教	时间	学校名称	专业	学习时间		获得学位或资格	
10	育							
11	背							
12	景							
13	专业能力							
14	主	学习/工作	地点	职务	工作时间		离职原因	
15	要							
16	经							
17	历							

1.4 创建《员工数据统计表》

在整理员工资料时，除了对数据进行存储和管理外，常常还需要对数据进行统计和分析。在 Excel 中，可以应用公式和函数快速对工作表中存储的数据进行统计。

在统计员工数据时以"员工基本信息"为数据源，首先统计员工的总数，然后分别统计男员工和女员工的数量，再计算其占总人数的百分比，最后再计算出本科及以上学历的人数，以及占总人数的百分比。实例最终效果见"结果文件\第1章\员工数据统计表.xlsx"文件。

	A	B	C	D
1	员工数据统计表			
2				
3	员工总数：	18		
4	性别比例统计			
5	男员工数：	12	占总人数的：	67%
6	女员工数：	6	占总人数的：	33%
7	学历统计			
8	本科及以上学历：	11	占总人数的：	3/5

1.4.1 统计员工总人数

在对表格数据进行统计时，常常需要统计总的数据量。使用 COUNT 函数，可以进行单元格个数的统计。

第1步 ▶ 打开"素材文件\第1章\员工数据统计表.xlsx"工作簿，❶在【员工数据统计表】工作表中定位到 B3 单元格；❷单击编辑栏上的【插入函数】按钮 ƒx，如下图所示。

第2步 ▶ 打开【插入函数】对话框，❶在【或选择类别】下拉列表框中选择【统计】；❷在【选择函数】列表中选择【COUNTA】；❸单击【确定】按钮，如下图所示。

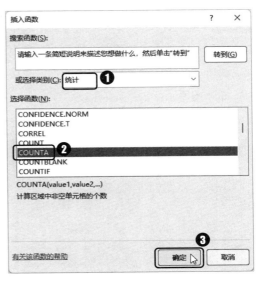

第3步 ▶ 打开【函数参数】对话框，单击【Value1】文本框右侧的折叠 ⬆ 按钮，如下图所示。

> **教您一招：快速查询函数**
>
> 只知道某个函数的类别或功能，不知道

函数名时，可以通过【插入函数】对话框快速查找函数。方法是：在【搜索函数】文本框中输入需要函数的函数功能，单击【转到】按钮，然后在【选择函数】列表框中就会出现系统推荐的函数。

第4步 ❶在【员工基本信息】工作表中选择【序号】列中的数据单元格区域；❷完成后单击【函数参数】对话框中的展开⊡按钮，如下图所示。

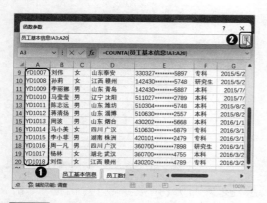

第5步 返回【函数参数】对话框，单击【确定】按钮，如下图所示。

第6步 返回工作簿后，即可在B3单元格查看到员工总数已经统计完成，如下图所示。

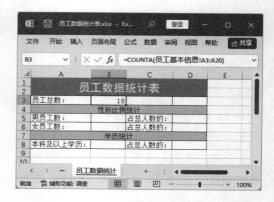

1.4.2 统计员工性别比例

在对表格数据进行统计时，经常需要根据指定条件进行数据统计，而且还需要计算出结果所占的比例。本例将使用COUNTIF函数统计男女员工的人数，并计算出男女员工占总人数据的百分比。

第1步 ❶将光标定位到B5单元格，单击编辑栏上的【插入函数】按钮 f_x；❷打开【插入函数】对话框，选择【统计】类别；❸在【选择函数】列表框中单击【COUNTIF】函数；❹单击【确定】按钮，如下图所示。

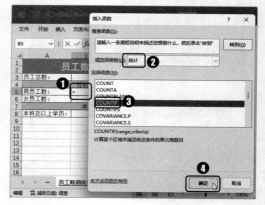

第2步 ● ❶在【函数参数】对话框中，将光标定位到【Range】文本框中，选择【员工基本信息】工作表中【性别】列中的数据；❷将光标定位到【Criteria】文本框中，单击【员工基本信息】工作表【性别】列中的任意文本为【男】的单元格；❸单击【确定】按钮，如下图所示。

第3步 ● ❶将光标定位到B6单元格，使用相同的方法统计女员工的数量；❷将光标定位到D5单元格，输入公式"=B5/B3"，如下图所示。

第4步 ● 选中公式中的单元格引用"B3"，

按【F4】键将其转换为绝对引用，然后按【Enter】键，如下图所示。

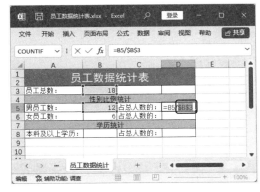

第5步 ● ❶选中得到的统计结果；❷单击【开始】选项卡【数字】组中的【百分比样式】按钮%，将结果转换为百分比显示，如下图所示。

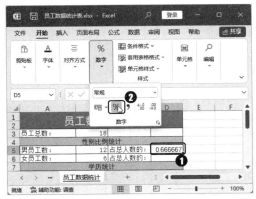

第6步 ● 选择D5单元格，将鼠标指针移动到单元格的右下角，当鼠标指针变为+形状时，按下鼠标左键不放，向下拖动填充柄，将填充区域拖动至D6单元格，如下图所示。

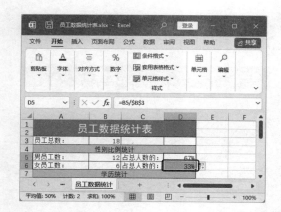

1.4.3 统计本科以上学历的人数及比例

在统计员工数据时，经常需要对员工的学历情况进行统计和分析，本例将使用COUNTIF函数统计本科及本科以上的人数及比例。

第1步 ❶将光标定位到B8单元格，然后打开【插入函数】对话框，选择【统计】类别；❷在【选择函数】列表框中选择【COUNTIF】函数；❸单击【确定】按钮，如下图所示。

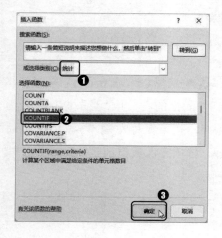

第2步 ❶将光标定位到【函数参数】对话框的【Range】文本框中，在【员工基本信息】工作表中选择【学历】列中的数据；❷在【Criteria】文本框中，单击【员工基本信息】工作表【学历】列中的任意文本为【本科】的单元格；❸单击【确定】按钮，如下图所示。

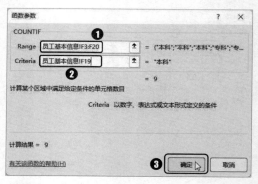

第3步 ❶在编辑栏的函数后输入加号"+"；❷单击编辑栏中的【插入函数】按钮 *fx*，如下图所示。

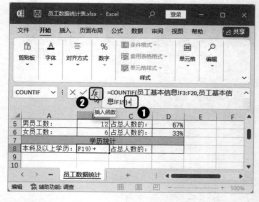

第4步 ❶使用前面讲述的方法打开【COUNTIF】函数，在【函数参数】对话框中，在【Range】文本框中选择【员工基本信

息】工作表中的【学历】列中的数据；❷在【Criteria】文本框中，单击【员工基本信息】工作表【学历】列中的任意文本为【研究生】的单元格；❸单击【确定】按钮，如下图所示。

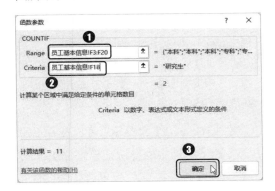

第5步 ▶ ❶得到本科及本科以上学历的人数；❷将光标定位到D8单元格，输入公式"=B8/B3"，然后按【Enter】键计算出结果，如下图所示。

第6步 ▶ ❶选择D8单元格；❷单击【开始】选项卡【数字】组中的【数字格式】下拉按钮 ；❸在弹出的下拉列表中选择【分数】选项，如下图所示。

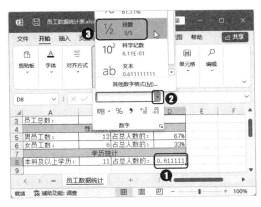

第7步 ▶ 返回工作簿中，即可看到数据统计表中的数据已经全部统计完成，如下图所示。

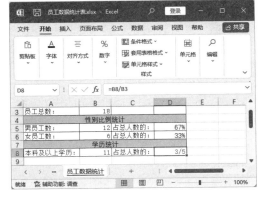

ChatGPT 答疑与点拨

通过前面知识的学习，相信读者朋友已经掌握了Excel在员工档案管理中的实战应用和基本技能，如录入数据、填充数据、编辑单元格、美化表格、使用公式和函数的方法。下面结合本章内容，让ChatGPT为读者介绍一些工作中的实用经验与技巧，从而早日做出规范的表格。

01 从身份证号码中提取出生日期和性别

在对员工信息管理过程中，有时需要建立一份电子档案，档案中一般会包含身份证号码、性别、出生年月等信息。当员工人数太多时，逐个输入是件非常烦琐的工作。为了提高工作效率，我们可以问一问ChatGPT如何快速从身份证号码中提取出生日期和性别。

> **提问：** 如何从身份证号码中提取出生日期和性别？

⑤ChatGPT：

可以使用Excel的函数来从身份证号码中提取出生日期和性别。假设身份证号码存储在A列，我们可以按照以下步骤进行操作。

1. 提取出生日期：使用MID函数从身份证号码中截取出生日期，公式为=MID(A1,7,8)，其中A1为身份证号码所在的单元格，7为身份证号码中出生日期的起始位置，8为出生日期的长度（身份证号码中出生日期是连续的8位数字）。

2. 将出生日期转换为日期格式：使用DATE函数将上一步中提取出来的8位数字转换为日期格式，公式为=DATE(MID(A1,7,4),MID(A1,11,2),MID(A1,13,2))，其中MID函数和起始位置与长度的解释同上。

3. 从18位身份证号码中提取性别的方法与上面类似，性别位是身份证号码的第17位，如果第17位是奇数，则为男性，如果是偶数，则为女性。可以使用Excel的MID和RIGHT函数来提取第17位，并使用IF函数来判断性别。公式为=IF(MOD(MID(A1,17,1),2)=1,"男","女")。其中，A2表示身份证号码所在单元格。

将上述公式应用到整列数据中，即可在相邻列中提取出身份证号码对应的出生日期和性别信息。

根据ChatGPT的提示，可以使用公式提取，因为本例中的身份证号码位于D3单元格，所以回答需要稍微更改ChatGPT中公式的参数，将A1更改为D3，具体操作方法如下。

第1步 打开素材文件（素材文件\第1章\员工档案表.xlsx），选中要存放结果的单元格E3，输入函数"=DATE(MID(A1,7,4),MID(A1,11,2),MID(A1,13,2))"，按【Enter】键，即可得到计算结果，利用填充功能向下复制函数，即可计算出所有员工的出生日期，如下图所示。

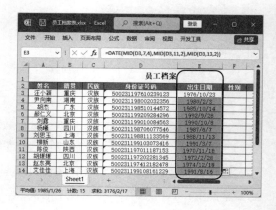

第2步 ▶ 选中要存放结果的单元格F3，输入函数"=IF(MOD(MID(A1,17,1),2)=1,"男"，"女")"，按【Enter】键，即可得到计算结果，利用填充功能向下复制函数，即可计算出所有员工的性别，如下图所示。

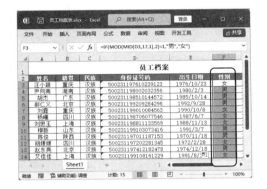

02 录入以"0"开头的编号有妙招

有时候公司的员工编号、货号等数据会出现以0开头的数据，而在Excel表格中输入以"0"开头的数字时，系统会自动将"0"过滤掉，例如，输入"001"，则会自动显示成"1"。

那么，在工作中，应该如何输入以"0"开头的编号、货号等数据呢？来看看ChatGPT是如何解答的。

> 💬 **提问：** 在Excel中怎么录入以0开头的编号？

⑤ChatGPT：

在Excel中，如果需要输入以0开头的编号，可以按照以下两种方法进行。

1. 输入一个单引号（'）并紧接着输入编号，如'012345，这样Excel会自动将单引号隐藏并正确显示编号。

2. 在Excel中，可以将编号格式设置为文本格式，这样就可以输入以0开头的编号了。具体操作如下。

● 选中需要输入编号的单元格或区域。

● 右击，选择【设置单元格格式】（或使用快捷键【Ctrl+1】），打开【设置单元格格式】对话框。

● 在【数字】选项卡下选择【文本】格式，然后单击【确定】按钮。

● 此时就可以在选中的单元格或区域中输入以0开头的编号了。

从ChatGPT的回答中，不难看出，如果要输入以0开头的编号，需要将单元格区域设置为文本格式，除了以上提供的两种方法外，还有一种方法也能快速地将单元格区域设置为文本格式，具体操作方法如下。

第1步 ▶ 打开"素材文件\第1章\员工信息登记表.xlsx"文件，❶选中要输入"0"开头数字的单元格或单元格区域；❷单击【开始】选项卡【数字】组中的【数字格式】下拉按钮；❸在弹出的下拉菜单中选择【文本】选项，如下图所示。

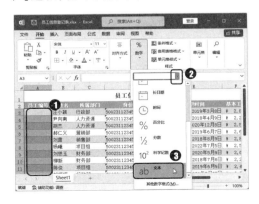

第2步 设置完成后，在单元格中输入以"0"开头的编号时，即可正常显示，如下图所示。

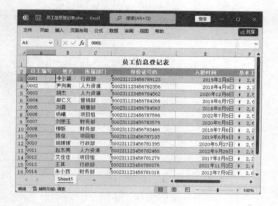

03 巧妙输入位数较多的员工编号

用户在编辑工作表的时候，经常会输入位数较多的员工编号、学号、证书编号，如"CQYG2022001、CQYG2022002……"，此时用户会发现编号的部分字符是相同的，若重复地录入会非常烦琐，且易出错。那么，ChatGPT可以提供更优质的方案来输入员工编号吗？

> 💬 **提问：** 在 Excel 中怎么输入位数较多的员工编号

⑤ChatGPT：

如果员工编号是一个整数，可以在 Excel 中使用自定义格式来快速输入。以下是一个示例。

1. 在 Excel 中选定需要输入员工编号的单元格。

2. 单击【开始】选项卡中的【数字】组，然后选择【自定义】选项。

3. 打开【自定义】对话框，在【类型】框中输入格式代码："0000000000"。这将创建一个包含10位数字的格式，其中前面的零将填充所有空位。

4. 单击【确定】按钮，然后在单元格中输入员工编号。Excel 会自动将该编号格式化为包含前导零的10位数字。

如果员工编号是一个组合字符串，可以使用公式来创建编号。以下是一个示例。

1. 在 Excel 中选择包含第一个员工编号的单元格，如"A1"。

2. 输入以下公式："=LEFT(A1,4)&TEXT(RIGHT(A1,4),"0000")"，并按下【Enter】键。

3. 复制这个公式到下面的单元格。

这个公式将把第一个员工编号的前四个字符提取出来，然后使用"TEXT"函数将后面的四个数字格式化为包含前导零的字符串。最终结果将是一个带有前四位字符和四位数字的组合字符串，如"ABCD0001"。

从 ChatGPT 给出的回答中，可以选择一种方法来实践操作，本例选择了第一个方法。例如，需要输入以"CQYG2022002"开头的员工编号，具体操作方法如下。

第1步 打开"素材文件\第1章\员工信息登记表.xlsx"文件，❶选中要输入员工编号的单元格区域；❷单击【开始】选项卡【数字】组中的【数字格式】按钮⤵，如下图所示。

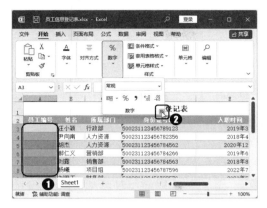

第2步 ❶打开【设置单元格格式】对话框,在【数字】选项卡的【分类】列表框中选择【自定义】选项;❷在右侧【类型】文本框中输入""CQYG2022"000"(""CQYG2022""是重复固定不变的内容);❸单击【确定】按钮,如下图所示。

第3步 返回工作表,在单元格区域中输入编号后的序号,如"1,2…",然后按【Enter】键确认,即可显示完整的编号,如下图所示。

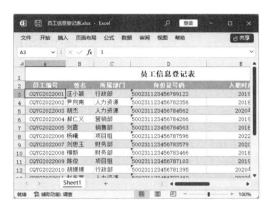

第 2 章

人事管理

💡 本章导读

　　员工是企业的根本，人事管理是指对员工的招聘、入职、人事动态、培训、离职等工作的管理，是保证企业正常运转的基本。本章将通过ChatGPT让读者先了解人事管理的基本内容，再通过Excel制作《招聘流程图》《人事变更管理表》《员工培训计划表》《员工离职结算表》，讲解Excel在文秘与行政工作中人事管理的相关表格制作技能。

📋 知识要点

- ◆ 插入艺术字
- ◆ 插入 SmartArt 图形
- ◆ 导入文本数据
- ◆ 添加页眉和页脚
- ◆ 设置文本换行
- ◆ 插入方框符号
- ◆ 绘制下画线

2.1 使用 ChatGPT 了解人事管理

人事管理是指企业或组织对人力资源进行规划、招聘、培训、绩效管理、薪酬管理、劳动关系管理、福利管理、人力资源信息管理等方面的管理工作。人事管理的目的是通过对人力资源进行有效管理，提高员工的工作效率和生产力，促进企业或组织的发展和壮大。在学习如何制作相关表格之前，先在ChatGPT的帮助下，了解人事管理工作。

2.1.1 人事管理的工作内容

人事管理需要考虑员工的需求和企业或组织的利益，平衡员工的个人发展与组织目标的实现，以实现企业或组织的长期稳定发展。所以在此之前，我们可以先通过ChatGPT了解人事管理的工作内容。

⚬ **提问**：人事管理的工作内容有哪些？

ChatGPT：

人事管理的工作内容包括以下几个方面。

1. 招聘和选拔：人事管理人员需要制订招聘计划，发布招聘广告，筛选简历，面试候选人，并最终决定录用哪些人才。他们需要评估候选人的技能和资格，以及是否符合公司的文化和价值观。

2. 员工培训和发展：人事管理人员需要制订培训计划，设计和实施员工培训课程，以提高员工的技能和知识。他们还需要支持员工发展，提供职业规划建议，帮助员工制订职业发展计划。

3. 绩效管理和激励：人事管理人员需要制订绩效管理计划，设定绩效指标，对员工进行绩效评估，提供反馈和指导，以及制定激励措施，如奖金、晋升和福利。

4. 薪资管理：人事管理人员需要制定薪资政策，设定薪资标准和涨薪机制，确保员工的薪资合理且公正。

5. 员工关系管理：人事管理人员需要建立和维护良好的员工关系，处理员工的投诉和纠纷，并解决员工的问题和需求。

6. 劳动法律法规管理：人事管理人员需要了解和遵守劳动法律法规，确保公司的人事管理工作符合相关法律和政策要求。

7. 人力资源信息系统管理：人事管理人员需要使用人力资源信息系统，对员工信息进行管理和维护，如员工档案、薪资记录、考勤数据等。

由此可见，人事管理工作的内容较多，从业人员需要具备一定的专业能力才可以胜任。

2.1.2 人事管理人员必备的能力

人事管理人员在企业中具有至关重要的作用，他们负责筛选、招聘、管理、培养和评估员工。随着企业竞争日益激烈，人事管理人员必须具备一系列的能力，以应对不断变化的市场和员工需求。那么，首先可以通过ChatGPT来了解人事管理人员需要具备哪些能力。

⚬ **提问**：人事管理人员需要具备的素质有哪些？

ChatGPT：

人事管理人员需要具备以下几种素质。

1. 沟通能力：人事管理人员需要与员工、管理层及招聘候选人进行沟通，以便有效地传递信息、解决问题和建立良好的关系。

2. 领导能力：人事管理人员需要拥有领导能力，能够制定策略、管理团队、指导员工，以及做出关键决策。

3. 分析能力：人事管理人员需要有分析问题的能力，能够理解数据和信息，以便做出正确的决策和制定合适的人力资源策略。

4. 判断力：人事管理人员需要有判断力，能够在复杂的情况下做出明智的决策。

5. 人际关系能力：人事管理人员需要有良好的人际关系能力，能够建立和维护团队与员工之间的良好关系，同时解决员工之间的冲突和问题。

6. 组织能力：人事管理人员需要有组织能力，能够规划和安排招聘、培训、绩效管理等工作，同时有效地管理人力资源信息。

7. 知识储备：人事管理人员需要具备广泛的知识储备，包括人力资源管理、法律法规、劳动力市场等方面的知识。

8. 诚信和责任感：人事管理人员需要有高度的诚信和责任感，能够保护员工的利益，同时遵守公司的规章制度和道德标准。

总之，人事管理人员是企业成功与否的关键因素之一。他们需要具备各种能力来管理和发展企业人力资源，以确保员工和企业共同成长与发展。

2.1.3 新员工培训的注意事项

新员工培训是任何公司和组织中非常重要的环节，因为它直接影响到新员工在公司的适应和表现。因此，作为企业的管理者和培训者，我们需要认真考虑如何为新员工提供有效的培训，并为其创造一个良好的学习环境。在培训之前，可以先通过 ChatGPT 了解新员工培训的注意事项。

> **提问：** 新员工培训的要点有哪些？

ChatGPT：

新员工培训是公司引入新员工后非常重要的一环，以下是一些新员工培训的要点。

1. 公司文化和价值观：新员工需要了解公司的文化和价值观，包括公司的愿景和使命、核心价值观和行为准则等。这有助于新员工更好地适应公司文化，与公司愿景和价值观保持一致，从而更好地为公司做出贡献。

2. 岗位职责和工作流程：新员工需要清楚自己的岗位职责和工作流程，了解公司的业务流程和工作流程。这有助于新员工更好地理解公司的业务模式和流程，并快速适应自己的工作。

3. 公司产品和服务：新员工需要了解公司的产品和服务，包括公司的主要产品和服务、特点和竞争优势等。这有助于新员工更好地了解公司的业务，从而更好地服务客户和市场。

4. 安全和卫生：新员工需要了解公司的安全和卫生政策，包括公司的安全管理规定和操作规程等。这有助于新员工更好地保护自己的安全和健康，并防止工作场所的安全和健康事故。

5. 培训计划和资源：公司需要制订一份全面的培训计划，包括培训内容、时间、方式和目标等。同时，公司需要提供必要的培训资源，包括培训材料、培训工具和培训设施等。

6. 反馈和指导：在培训期间，公司需要及时给新员工提供反馈和指导，帮助新员工更好地理解工作内容和岗位职责，并提高工作效率。

7. 人际关系和团队合作：新员工需要了解公司的组织架构和人际关系，了解团队成员的角色和职责，以及相互合作的方式和方法。这有助于新员工更好地融入团队，提高工作效率和工作质量。

从ChatGPT的回答中，我们不难看出，为新员工提供优质的培训是企业成功的关键之一。只有通过培训，让新员工快速成长，才能带动公司的发展和创新。

2.2　制作《招聘流程图》

招聘工作流程，一般由公司的人力资源部制定，主要目的是规范公司的人员招聘行为，保障公司及招聘人员的权利，将招聘流程制作成流程图，可以让招聘人员更直观地了解招聘的具体流程，更好地执行招聘工作。

本例将制作一份招聘流程图，在制作时首先需要插入艺术字作为流程图的标题，然后添加SmartArt图形，主体结构制作完成后，再对图形进行美化。实例最终效果见"结果文件\第2章\招聘流程图.xlsx"文件。

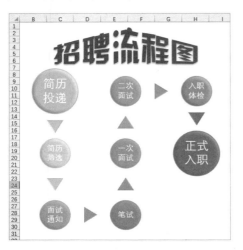

2.2.1　插入艺术字

为招聘流程图制作醒目的标题不仅可以美化版面，还能醒目地显示招聘流程。下面以为招聘流程图制作标题为例，介绍插入艺术字的方法。

第1步▶ 启动Excel程序，新建一个名为"招聘流程图.xlsx"的新工作簿，❶单击【插入】选项卡【文本】组中的【艺术字】下拉按钮；❷在弹出的下拉菜单中选择一种艺术字样式，如下图所示。

第2步▶ 将在工作表中插入文本占位符，并呈选中状态，如下图所示。

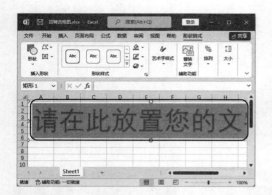

第3步 直接输入标题内容，如下图所示。

第4步 ❶选中艺术字；❷在【开始】选项卡【字体】组中设置字体和字号，如下图所示。

第5步 ❶单击【形状格式】选项卡【艺

术字样式】组中的【文本填充】下拉按钮▲；❷在弹出的下拉菜单中选择一种填充颜色，如下图所示。

第6步 ❶单击【形状格式】选项卡【艺术字样式】组中的【文本效果】下拉按钮▲；❷在弹出的下拉菜单中选择【转换】选项；❸在弹出的子菜单中选择一种弯曲样式，如下图所示。

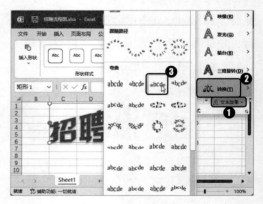

2.2.2 插入 SmartArt 图形

清晰的流程图可以让人一目了然地了解工作的进度，明确下一步的工作目标。插入 SmartArt 图形可以快速地制作出精美的流程图,具体操作方法如下。

第1步 ▶ 单击【插入】选项卡【插图】组中的【SmartArt】按钮,如下图所示。

第2步 ▶ 打开【选择SmartArt图形】对话框,❶在左侧列表中选择【流程】选项;❷在中间窗格中选择一种流程图的样式;❸单击【确定】按钮,如下图所示。

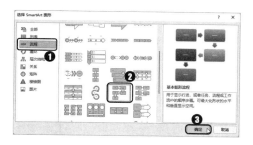

第3步 ▶ 选中图形,然后将鼠标指针移动到图形的边框处,当鼠标指针变为时,按下鼠标左键不放,将图形拖动到标题下方,如下图所示。

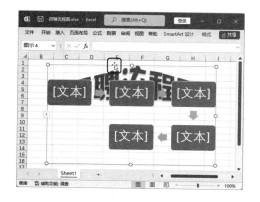

第4步 ▶ 将鼠标指针移动到图形四周的控制点上,当鼠标指针变为时,按下鼠标不放拖动,调整图形的大小,如下图所示。

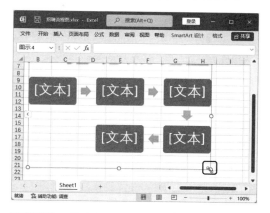

第5步 ▶ 将鼠标指针定位到SmartArt图形中的第一个形状中,直接输入流程图文本,如下图所示。

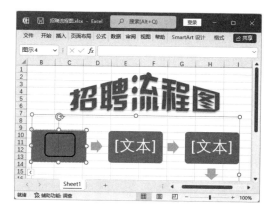

第6步 ▶ ❶使用相同的方法在其他形状中输入文本,然后选中最后一个形状;❷单击【SmartArt设计】选项卡【创建图形】组中的【添加形状】下拉按钮;❸在弹出的下拉菜单中选择【在后面添加形状】选项,如下图所示。

> **教您一招：删除形状**
>
> 如果要删除SmartArt图形中的形状，选中形状后，按【Delete】键即可删除。

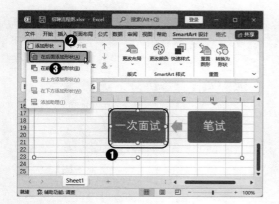

第7步 添加一个形状，使用相同的方法添加其他形状和文本，即可完成流程图的框架制作，如下图所示。

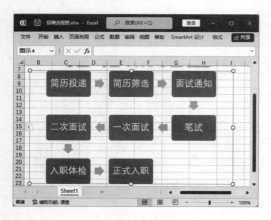

2.2.3 美化 SmartArt 图形

SmartArt图形是以默认的格式插入文档中，用户在制作完成后可以对图形进行一定的修饰，例如，修改图形的布局、颜色和样式等，以增加图形的表现力。

1. 更改 SmartArt 图形布局

创建了SmartArt图形之后，如果对选择的布局不满意，可以更改布局，具体操作方法如下。

第1步 ❶选择SmartArt图形；❷单击【SmartArt设计】选项卡【版式】组中的【更改布局】下拉按钮；❸在弹出的下拉菜单中选择【其他布局】选项，如下图所示。

> **温馨提示**
>
> 在【更改布局】下拉菜单中已经显示了部分SmartArt图形的布局，可以直接选择使用。

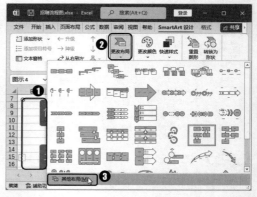

第2步 打开【选择SmartArt图形】对话框，❶选择需要的图形布局；❷单击【确定】按钮即可更改布局，如下图所示。

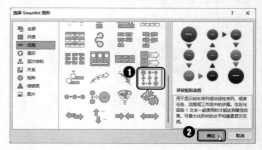

2. 更改 SmartArt 图形的颜色和样式

默认的 SmartArt 图形为蓝底白字，为了图形的美观，可以为其设置颜色和样式，具体操作方法如下。

第1步 ❶ 选 择 SmartArt 图 形；❷单击【SmartArt 设计】选项卡【SmartArt 样式】组中的【更改颜色】下拉按钮；❸在弹出的下拉菜单中选择一种配色方案，如下图所示。

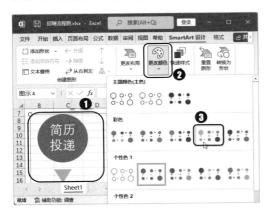

第2步 保持图形选中状态，❶单击【SmartArt 设计】选项卡【SmartArt 样式】组中的【快速样式】下拉按钮；❷在弹出的下拉菜单中选择一种图形样式，如下图所示。

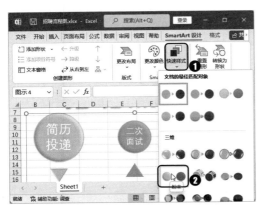

2.2.4 取消显示表格的网格线

为了方便表格的编辑，工作表中默认显示了网格线，为了更好地查看流程图的效果，可以在招聘流程图制作完成后，取消表格的网格线，具体操作方法如下。

在【视图】选项卡的【显示】组中取消勾选【网格线】复选框，即可取消显示表格的网格线，如下图所示。

2.2.5 设置图形与标题的对齐方式

完成 SmartArt 图形的制作之后，可以将标题移动到图形的中间，此时可以使用对齐功能，精确地调整图形与标题的位置，具体操作方法如下。

第1步 ❶按住【Ctrl】键不放，分别选择标题和图形；❷单击【形状格式】选项卡【排列】组中的【对齐】下拉按钮；❸在弹出的下拉菜单中选择【水平居中】选项，如下图所示。

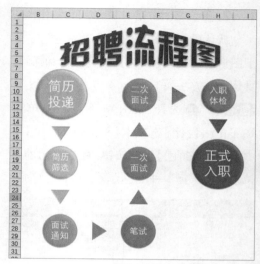

第2步 ▶ 操作完成后，即可看到招聘流程图的最终效果，如下图所示。

2.3 制作《人事变更管理表》

在人事工作中，为了方便对公司员工的变更状况做深入分析，可以制作一份简单的人事动态管理表，将员工的变更信息录入其中。

本例将制作人事变更管理表，在创建表格框架时，首先导入文本数据，再对导入的数据进行规范调整，然后设置表格的边框和底纹。实例最终效果见"结果文件\第2章\人事变更管理表.xlsx"文件。

2.3.1 导入文本数据

在收集数据时，并不是所有数据都是以Excel的形式存在。如果原始数据是文本文件，可以先将数据导入Excel中，再进行下一步的操作，具体操作方法如下。

第1步 ▶ 启动Excel程序，在【打开】选项卡中单击【浏览】选项，如下图所示。

第2步 ▶ 打开【打开】对话框，❶在【所有 Excel 文件】下拉列表中选择【文本文件】选项；❷在列表中选择"素材文件\第2章\人事变更管理表.txt"文件；❸单击【打开】按钮，如下图所示。

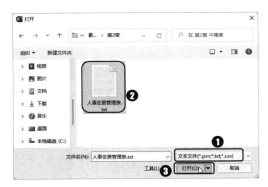

第3步 ▶ 弹出【文本导入向导-第1步，共3步】对话框，❶在【请选择最合适的文件类型】栏中选择【分隔符号】单选项；❷单击【下一步】按钮，如下图所示。

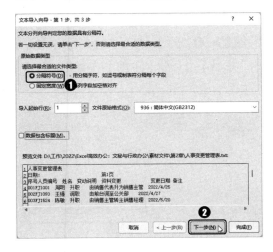

温馨提示 ●

选择【固定宽度】单选项，可以根据数据的列宽来分隔数据。

第4步 ▶ 打开【文本导入向导-第2步，共3步】对话框，❶在【分隔符号】栏中选中【Tab 键】和【空格】复选框；❷单击【下一步】按钮，如下图所示。

第5步 ▶ 打开【文本导入向导-第3步，共3步】对话框，❶在【列数据格式】栏中选择【常规】单选项；❷单击【完成】按钮即可，如下图所示。

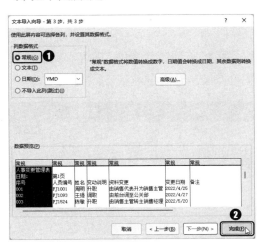

第6步 ▶ 返回工作表，可以看到文本文件

中的数据以空格分隔导入到工作表中，但是以纯文本格式保存，需要保存为Excel文件格式，所以单击【另存为】按钮，如下图所示。

第7步 ▶ 打开【另存为】对话框，❶设置保存路径和文件名，【保存类型】设置为【Excel工作簿】；❷单击【保存】按钮，如下图所示。

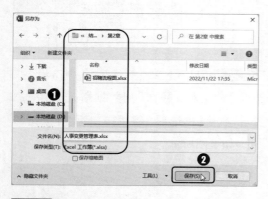

第8步 ▶ 返回工作表中，即可看到文本数据已经保存为Excel格式，如下图所示。

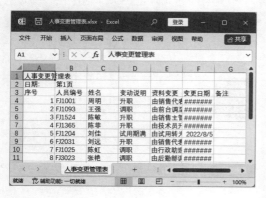

2.3.2 设置单元格格式

导入文本文件中的数据内容后，有些数据并没有显示完全，可以根据需要对单元格格式、字体、对齐方式、数字格式等进行设置，具体操作方法如下。

第1步 ▶ ❶选中A1:G1单元格区域；❷在【开始】选项卡的【对齐方式】组中单击【合并后居中】按钮，合并单元格区域为一个单元格，如下图所示。

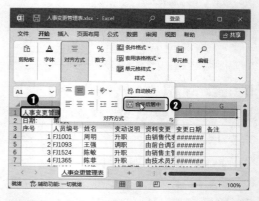

第2步 ▶ ❶选中合并后的A1单元格；❷单击【开始】选项卡【字体】组中的【字体】按钮，如下图所示。

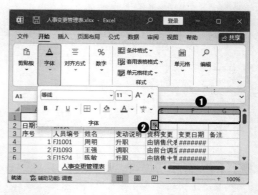

第3步 ▶ 打开【设置单元格格式】对话框，

❶在【字体】选项卡中，根据需要设置字体、字号、文字颜色等；❷设置完成后单击【确定】按钮，如下图所示。

❶选择 A2:G16 单元格区域；❷单击【开始】选项卡【对齐方式】组中的【居中】按钮≡，如下图所示。

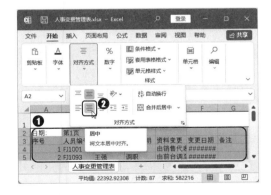

第5步 ▶ 保持单元格区域的选中状态，❶单击【开始】选项卡【单元格】组中的【格式】下拉按钮；❷在打开的下拉菜单中单击【自动调整列宽】命令，根据单元格数据内容调整列宽，如下图所示。

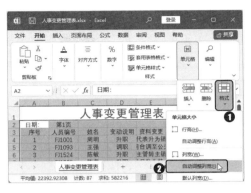

第6步 ▶ ❶选择 A3:G3 单元格区域；❷单击【开始】选项卡【字体】组中的【加粗】按钮 B，如下图所示。

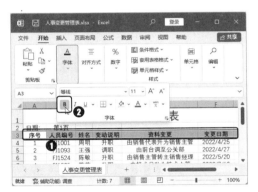

第7步 ▶ ❶选择 F4:F16 单元格区域；❷单击【开始】选项卡【数字】组中的【数字格式】按钮 ⌐，如下图所示。

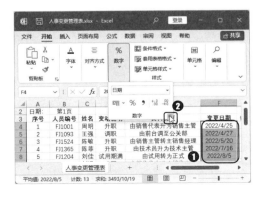

第8步 打开【设置单元格格式】对话框，❶在【数字】选项卡的【分类】列表框中选择【日期】选项；❷在右侧对应的界面中选择需要的日期数据类型；❸设置完成后，单击【确定】按钮，如下图所示。

教您一招：快速设置数据格式

选中要设置的单元格区域，在【开始】选项卡的【数字】组中单击【数字格式】下拉按钮，在打开的下拉菜单中单击需要的数字格式，可以快速设置需要的数据格式。

第9步 返回工作表，即可看到设置单元格格式、字体、对齐方式、数字格式等之后的效果，如下图所示。

2.3.3 移动单元格中的数据内容

在编辑数据的过程中，如果需要移动单元格中的数据内容，可以通过剪切和粘贴来完成，具体操作方法如下。

第1步 ❶选中要移动数据所在的单元格B2；❷在【开始】选项卡的【剪贴板】组中单击【剪切】按钮✖，如下图所示。

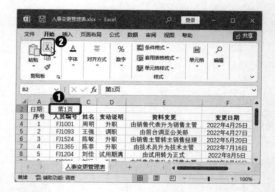

第2步 ❶选中移动数据的目标单元格G2；❷单击【开始】选项卡【剪贴板】组中的【粘贴】按钮📋，如下图所示。

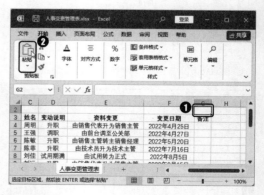

第3步 选择B2单元格，按【Ctrl+;】组合键，录入当前日期，如下图所示。

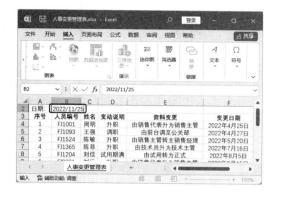

2.3.4 快速设置表格边框和底纹

为了使创建的表格更美观、易读，可以为其添加边框和底纹，具体操作方法如下。

1. 设置边框

默认的边框颜色为黑色，如果需要其他颜色的边框，可以在设置边框之前先设置边框的线条颜色，具体操作方法如下。

第1步 ❶选中要设置表格边框的单元格区域，本例为A3:G16单元格区域；❷单击【开始】选项卡【字体】组的【边框】下拉按钮 ▦ ▾；❸在弹出的下拉菜单中选择【线条颜色】选项；❹在弹出的扩展菜单中选择一种主题颜色，如下图所示。

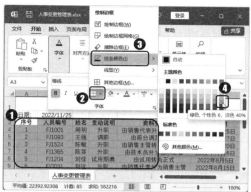

第2步 返回工作表，鼠标指针呈 ✐ 状态，按【Esc】键取消鼠标指针状态。❶再次在【开始】选项卡的【字体】组中单击【边框】下拉按钮 ▦ ▾；❷在弹出的下拉菜单中单击【所有框线】选项，即可为表格快速添加边框，如下图所示。

2. 设置底纹

为表格设置底纹可以强调显示表格内容，下面以为表头设置底纹为例，介绍快速设置底纹的操作方法。

第1步 ❶选中要添加底纹的单元格区域，本例为A3:G3单元格区域；❷单击【开始】选项卡【字体】组中的【填充颜色】下拉按钮 ◇ ~；❸在打开的下拉菜单中根据需要选择要填充的单元格背景色即可，如下图所示。

第2步 ▶ 返回工作表，即可看到快速设置表格边框和底纹之后的效果，如下图所示。

2.4 制作《员工培训计划表》

计划包括规划、设想、计划、要点、方案和安排等种类，是文秘办公过程中常涉及的文档之一。制订计划能使工作有明确的目标和具体的实施步骤，从而协调大家的行动，增加工作的主动性，减少盲目性，使工作有条不紊地进行。

本例将制作员工培训计划表，在创建表格时，首先录入表格数据，并插入符号，然后设置表格样式和列宽，再设置页面为横向显示，最后添加页眉和页脚完成制作。实例最终效果见"结果文件\第2章\员工培训计划表.xlsx"文件。

2.4.1 录入表格数据

在录入表格数据之前，首先需要新建一个空白文档，然后输入需要的表格内容。

1. 设置数据文本格式

在录入表格数据时，一些特殊的数据需要经过设置后才能正确显示，下面介绍设置数据文本格式的方法。

第1步 ▶ 新建一个名为"员工培训计划表 .xlsx"的空白工作簿，输入表名和表头内容，然后选择A3单元格，输入"'01"，如下图所示。

2. 插入特殊符号

在录入了表格数据后，在培训日期处添加特殊符号，以标明培训的时间，具体操作方法如下。

第1步 ▶ ❶输入其他数据；❷选择I3单元格；❸单击【插入】选项卡【符号】组中的【符号】按钮，如下图所示。

第2步 ▶ 打开【符号】对话框，❶在【字体】下拉列表中选择【Adobe 仿宋 Std R】，在【子集】下拉列表中选择【其他符号】选项；❷在中间的列表框中选择【★】选项；❸单击【插入】按钮，如下图所示。

第2步 ▶ 按【Enter】键，即可在A3单元格中输入"01"，将鼠标指针移动到A3单元格的右下角，当鼠标指针变为＋时，按下鼠标左键向下拖动到合适的位置，然后释放鼠标左键，即可自动填充数据，如下图所示。

> **温馨提示** ▶
> 直接输入以0开头的数字，系统会自动将"0"过滤掉，所以在输入编号前先输入一个英文状态下的单引号（'），然后再输入，就可以正常显示。

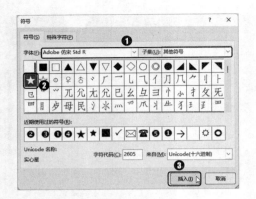

选择不同的字体，中间列表框的符号也会有所不同。在【符号】对话框中还会列出最近使用的符号，以方便用户选择。

第3步 单击【关闭】按钮返回工作簿中，即可看到符号已经插入，如下图所示。

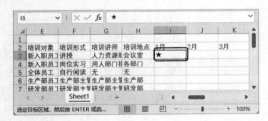

第4步 使用相同的方法在其他位置插入相同的符号，如下图所示。

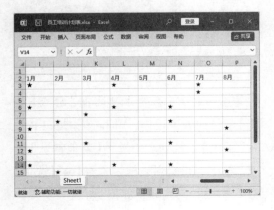

2.4.2 设置表格格式

表格数据录入完成后，还需要对表格的格式进行相应的设置。

1. 设置字体和对齐方式

设置字体和对齐方式可以突出显示表格中的各类数据。

第1步 ❶选择A1:W1单元格区域；❷单击【开始】选项卡【对齐方式】组中的【合并后居中】按钮，如下图所示。

第2步 ❶选择合并后的A1单元格；❷单击【开始】选项卡【样式】组中的【单元格样式】下拉按钮；❸在弹出的下拉列表中选择一种主题单元格样式，如下图所示。

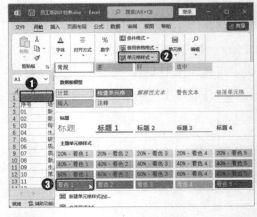

第3步 保持单元格选中状态，在【开始】

选项卡【字体】组中设置字体样式为【黑体，24号】，如下图所示。

第4步 ❶选择 A2:W2 单元格区域；❷单击【开始】选项卡【字体】组中的【加粗】按钮 **B**，如下图所示。

第5步 ❶选择 A2:W15 单元格区域；❷单击【开始】选项卡【对齐】组中的【自动换行】按钮，如下图所示。

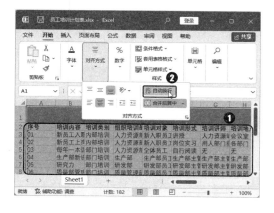

第6步 保持单元格区域的选中状态，单击【开始】选项卡【对齐方式】组中的【垂直居中】按钮≡和【居中】按钮≡，如下图所示。

2.添加表格边框

表格制作完成后并没有边框线，下面介绍添加边框的方法。

第1步 ❶选中所有表格区域；❷单击【开始】选项卡【字体】组中的【边框】下拉按钮；❸在弹出的下拉列表中选择【所有框线】选项，如下图所示。

温馨提示

Excel默认的边框图标显示为【下框线】，在使用了其他边框工具之后，会更改为其他边框图标。

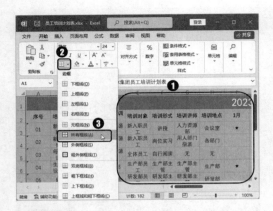

第2步 ❶ 单击【边框】下拉按钮 ⊞ ~；❷在弹出的下拉列表中选择【粗外侧框线】选项，如下图所示。

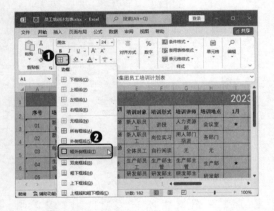

2.4.3 调整表格列宽

每个单元格中的数据长短不一，但Excel默认使用固定列宽，为了使表格结构更加合理，用户需要手动调整表格的列宽，具体操作方法如下。

第1步 ❶选择I2:T15单元格区域；❷单击【开始】选项卡【样式】组中的【格式】下拉按钮；❸在弹出的下拉菜单中选择【列宽】选项，如下图所示。

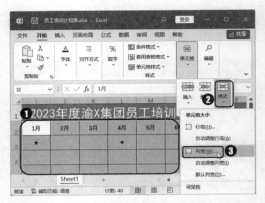

第2步 ❶ 弹出【列宽】对话框，在【列宽】文本框中输入"3.5"；❷单击【确定】按钮，如下图所示。

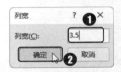

第3步 将鼠标指针移动到A列与B列之间的分隔线处，当鼠标指针变为 ✚ 时，按下鼠标左键不放，向左拖动鼠标，当列宽调整至合适状态时松开鼠标左键即可，如下图所示。

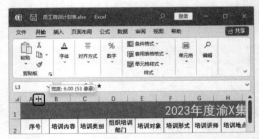

2.4.4 设置表格页面格式

如果要打印工作表，在打印之前，需要为表格设置页面格式，具体操作方法如下。

第1步 ❶单击【页面布局】选项卡【页面设置】组中的【纸张方向】下拉按钮；❷在弹出的下拉菜单中选择【横向】命令，如下图所示。

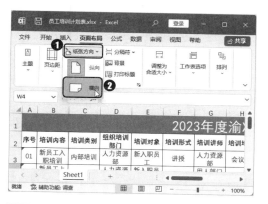

第2步 单击【页面布局】选项卡【页面设置】组中的【页面设置】按钮 ⬡，如下图所示。

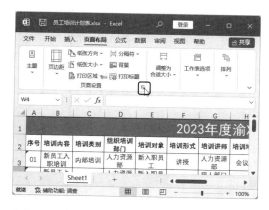

温馨提示●

页面设置的目的是查看工作表打印的分页位置和分页效果。进行了页面设置后，页面将默认以A4纸显示。当表格的列数过多时，将造成一行的数据被拆分为两页或多页显示，因此，需要重新设置页面大小。

第3步 打开【页面设置】对话框，❶在【页面】选项卡的【缩放】栏设置【缩放比例】为"80%"；❷在【纸张大小】下拉列表中选择【A4】选项，如下图所示。

第4步 ❶切换到【工作表】选项卡；❷单击【顶端标题行】文本框后的折叠图标 ⬆，如下图所示。

第5步 ❶打开【页面设置】对话框，在【顶端标题行】文本框中选择第1行和第2行；❷单击【关闭】按钮✕返回【页面设置】对话框，然后单击【确定】按钮，如下图所示。

2.4.5 添加页眉和页脚

页眉和页脚可以完善表格的内容，在Excel中插入页眉和页脚的方法如下。

第1步 单击【插入】选项卡【文本】组中的【页眉和页脚】按钮，如下图所示。

第2步 打开【页面设置】对话框，在【页眉/页脚】选项卡的【页眉】下拉列表中选

择一种页眉样式，如下图所示。

第3步 单击【自定义页脚】按钮，如下图所示。

第4步 打开【页脚】对话框，❶在【左部】文本框中输入"制表人："，然后选中文本；❷单击【格式文本】按钮 Ⓐ，如下图所示。

第5步 ▶ 打开【字体】对话框，❶在【字形】列表框中选择【加粗】选项；❷单击【确定】按钮，如下图所示。

> **温馨提示** ◀
>
> 在设置页眉和页脚时，可以选择系统内置的样式，也可以在【页面设置】对话框的【页眉/页脚】选项卡中直接单击【自定义页眉】和【自定义页脚】按钮，在打开的【页眉】和【页脚】对话框中，通过单击对话框中的按钮，分别设置左部、中部和右部内容。

第6步 ▶ ❶将鼠标指针定位到【中部】文本框中；❷单击【插入日期】按钮，如下图所示。

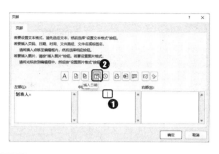

第7步 ▶ ❶将鼠标指针定位到【右部】文本框中；❷单击【插入页码】按钮；❸单击【确定】按钮，如下图所示。

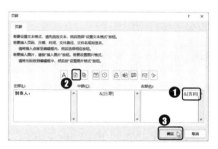

第8步 ▶ 返回【页面设置】对话框，单击【确定】按钮，如下图所示。

第9步 ▶ 返回工作簿，自动进入了页面布局视图，可以看到进行了页面设置后的效果，可以根据预览效果调整页面，如下图所示。

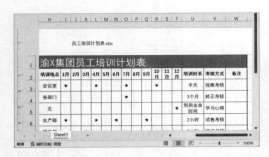

第10步 ❶在【文件】选项卡中单击【打印】命令；❷在右侧窗格中可以看到表格的预览效果；❸在中间窗格设置打印的份数、打印机等信息；❹单击【打印】按钮即可打印工作簿，如下图所示。

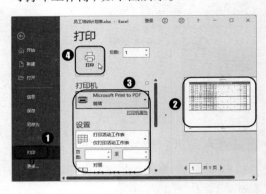

2.5 制作《员工离职结算表》

当员工因为某些原因要离开公司时，在离职时需要进行相关事项的交接和结算。员工离职工作是否处理得当，影响了企业运转是否正常。本例将制作员工离职结算表，在制作时首先制作基本表格，然后对文本设置自动换行，再对表格的样式进行设置，并插入方框符号，最后在需要签字的地方绘制下画线。实例最终效果见"结果文件\第2章\员工离职结算表.xlsx"文件。

2.5.1 制作基本表格

在制作基本表格之前，首先需要明确离职所涉及的各个部门，然后罗列出各部门需要交接的事项，避免遗漏，具体操作方法如下。

第1步 新建一个名为"员工离职结算表.xlsx"的空白工作簿，输入表名、表头和部门内容，如下图所示。

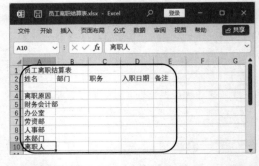

第2步 ❶选择A1:E1单元格区域；❷单击【开始】选项卡【对齐方式】组中的【合

并后居中】按钮围，如下图所示。

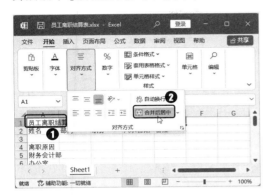

第3步 ❶选择B4:E10单元格区域；❷单击【开始】选项卡【对齐方式】组中的【合并后居中】按钮右侧的下拉按钮合并后居中；❸在弹出的下拉菜单中选择【跨越合并】命令，如下图所示。

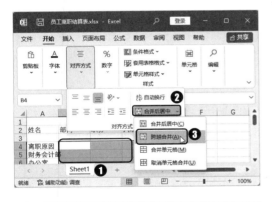

温馨提示 ◆

选择【跨越合并】命令，可以将相同行中的所选单元格合并到一个大单元格中。

第4步 ◆ 在合并后的单元格中输入离职需要交接的事项，如下图所示。

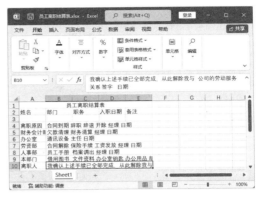

2.5.2 设置文本换行

输入的数据需要多行显示时，可以为单元格设置自动换行，具体操作方法如下。

第1步 ◆ 将鼠标指针定位到需要换行的文本前方，按【Alt+Enter】组合键，强制换行，如下图所示。

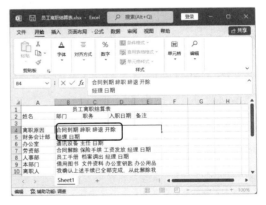

第2步 ◆ 将鼠标指针移动到4行和5行的行标上，当鼠标指针变为┿时按下鼠标左键不放，向下拖动到合适位置后松开鼠标，调整行高，如下图所示。

第3步 ▶ 使用相同的方法为其他单元格设置换行，如下图所示。

2.5.3 设置表格样式

为了使表格更加美观，可以对表格样式进行设置，具体操作方法如下。

第1步 ▶ ❶选择A1单元格；❷在【开始】选项卡的【字体】组中设置字体与字号，如下图所示。

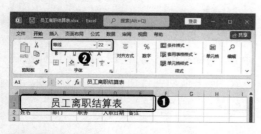

第2步 ▶ ❶选择A2:E2单元格区域；❷单

击【开始】选项卡【字体】组中的【加粗】按钮**B**，如下图所示。

第3步 ▶ ❶选择A4:A10单元格区域；❷单击【开始】选项卡【对齐方式】组中的【垂直居中】按钮和【居中】按钮，如下图所示。

第4步 ▶ 根据实际情况，通过拖动鼠标调整行宽，如下图所示。

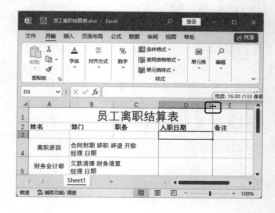

第5步 ❶选择 A2:E10 单元格区域；❷单击【开始】选项卡【字体】组中的【边框】下拉按钮 ▦ ~；❸在弹出的下拉菜单中选择【所有框线】命令，如下图所示。

第6步 将鼠标指针定位到文本中，使用空格键调整文本的间隔，如下图所示。

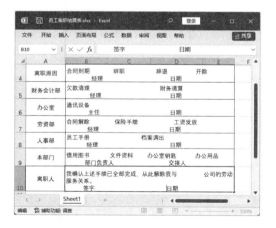

2.5.4 插入方框符号

在多项选择的文本前方添加方框符号，便于填写时勾选选项，操作方法如下。

第1步 ❶将鼠标指针定位到 B4 单元格中的"合同到期"文本前方；❷单击【插入】

选项卡【符号】组中的【符号】按钮，如下图所示。

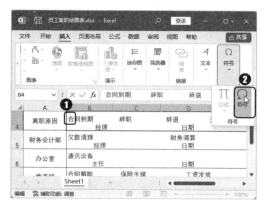

第2步 打开【符号】对话框，❶在【字体】下拉列表中选择【等线】，在【子集】下拉列表中选择【几何图形符】选项；❷在列表框中选择方框图形；❸单击【插入】按钮，如下图所示。

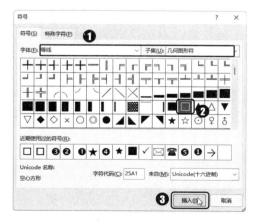

第3步 单击【关闭】按钮返回工作表，可以看到方框已经插入，❶选择插入的方框；❷单击【开始】选项卡【剪贴板】组中的【复制】按钮 🖳，如下图所示。

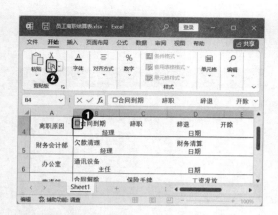

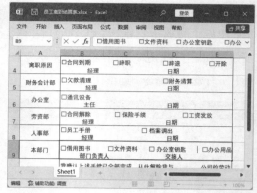

第4步 ❶将鼠标指针定位到B4单元格中的"辞职"文本前方；❷单击【开始】选项卡【剪贴板】组中的【粘贴】按钮，如下图所示。

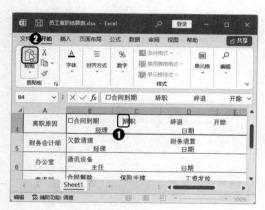

温馨提示●

在插入了方框之后，可以根据内容的变化，微调单元格的列宽，使文本对齐。

第5步 使用相同的方法为其他文本添加方框即可，如下图所示。

2.5.5 绘制下画线

离职时需要到各部门交接工作事项，交接完成后由负责人签字确认，在需要签字的地方，可以绘制下画线，便于签名，具体操作方法如下。

第1步 ❶单击【插入】选项卡【插图】组中的【形状】下拉按钮；❷在弹出的下拉菜单中选择【直线】工具，如下图所示。

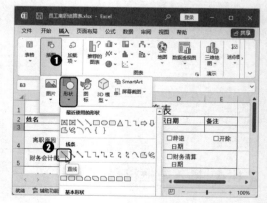

教您一招：锁定形状

如果要连续使用同一个形状，可以在形状工具上右击，在弹出的快捷菜单中选择【锁定绘图】模式命令。

第2步 ▶ 按住【Shift】键不放，在目标位置按下鼠标左键拖动绘制水平直线，如下图所示。

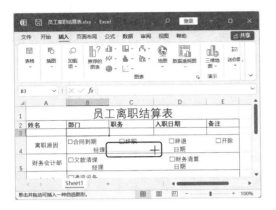

第3步 ▶ ❶选择直线；❷单击【形状格式】选项卡【形状样式】组中的【形状轮廓】下拉按钮 ✎；❸在弹出的下拉菜单中选择一种主题颜色，如下图所示。

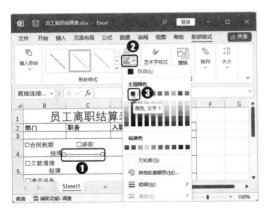

第4步 ▶ 按住【Ctrl】键拖动绘制的直线到"日期"文本右侧，如下图所示。

第5步 ▶ 使用相同的方法，将直线复制到其他位置，如下图所示。

ChatGPT 答疑与点拨

通过前面知识的学习，相信读者朋友已经掌握了在员工人事管理中必需的基本技巧，如插入艺术字、插入SmartArt图形、导入文本数据、设置页眉和页脚、插入符号、绘制下画线等。下面结合本章内容，让ChatGPT给读者介绍一些工作中的实用经验与技巧，让你在工作中更加得心应手。

01 从 Access 文件导入数据到工作表

在制作表格时，可以从各个渠道获取数据，除了可以导入文本数据外，还可以从Access文件中导入数据。当不知道应该怎样导入时，可以在ChatGPT中寻求帮助。

> **提问：** 如何从 Access 文件导入数据到工作表？

ChatGPT：

你可以按照以下步骤从 Access 文件导入数据到 Excel 工作表。

1. 打开 Excel 工作簿，并选中需要导入数据的工作表。

2. 单击【数据】选项卡，然后在【获取和转换数据】部分选择【从其他源】→【从 Microsoft Access】。

3. 浏览并选择你的 Access 文件，然后单击【打开】按钮。

4. 选择你想要导入的数据表格，然后单击【下一步】按钮。

5. 选择"表格视图"或"查询视图"，以查看和选择要导入的数据，并指定数据导入的位置，然后单击【下一步】按钮。

6. 根据需要对数据进行排序和筛选，并在最后的步骤中指定数据的导入选项，然后单击【完成】按钮，即可将数据导入 Excel 工作表中。

完成上述步骤后，你将可以在选定的工作表中查看并编辑从 Access 导入的数据。

从 ChatGPT 给出的回答中，我们可以得到从 Access 文件导入数据到工作表的基本步骤。而因为版本的原因，获得的答案与 Excel 2021 或许会有所差距，但基本操作步骤并没有大的改变。

所以，根据以上的回答，可以尝试将 Access 文件导入工作表，具体操作方法如下。

第1步 打开"素材文件\第2章\员工信息登记表.xlsx"工作簿，❶单击【数据】选项卡【获取和转换数据】组中的【获取数据】下拉按钮；❷在弹出的下拉菜单中选择【来自数据库】选项；❸在弹出的子菜单中选择【从Microsoft Access 数据库】选项，如下图所示。

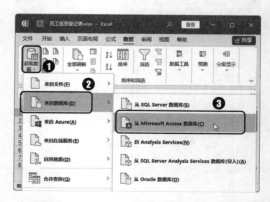

第2步 打开【导入数据】对话框，❶选择"素材文件\第2章\员工信息表.accdb"数据库；❷单击【导入】按钮，如下图所示。

第3步 ▶ 打开【导航器】窗口，❶选择【员工基本信息】选项；❷单击【加载】按钮，如下图所示。

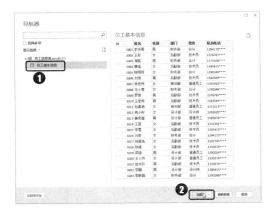

第4步 ▶ ❶单击【表设计】选项卡【工具】组中的【转换为区域】命令；❷在弹出的提示对话框中单击【确定】按钮，如下图所示。

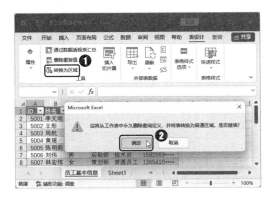

第5步 ▶ 操作完成后，即可将 Access 数据库中的数据导入 Excel 工作簿中，如下图所示。

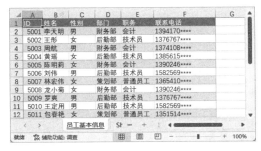

02 将表格居中打印

在打印表格时，使表格居中打印是一个重要的步骤，可以确保打印的文档看起来更专业和易于阅读。如果表格不居中打印，则打印的文档可能会看起来杂乱无章，难以阅读和解读。

提问： 如何将表格居中打印？

ChatGPT：

要将 Excel 表格居中打印，可以按照以下步骤操作。

1. 在 Excel 中选中要打印的表格。

2. 单击【页面布局】选项卡。

3. 在【页面布局】选项卡中，单击【页面设置】按钮。

4. 在【页面设置】对话框中，选择【页边距】选项卡。

5. 在【页边距】选项卡中，将【水平】选项设置为【居中】，并将【垂直】选项设置为【居中】。

6. 单击【确定】按钮保存设置。

7. 在【页面布局】选项卡中，单击【打印预览】按钮，查看表格是否居中打印。

注意：在打印预览时，可以通过缩放选项调整表格的大小，以确保表格适合页面并居中打印。

另外，也可以通过设置打印区域、打印缩放比例等方法来控制表格打印的格式和效果。

在ChatGPT给出的回答中，不仅提供了居中打印表格的方法，还提出了注意事项，那么就根据这个方法来试一试将表格居中打印，操作步骤如下。

第1步 ▶ 打开"素材文件\第2章\手机销售情况.xlsx"工作簿，单击【页面布局】选项卡【页面设置】组中的【页面设置】按钮 ⌐，如下图所示。

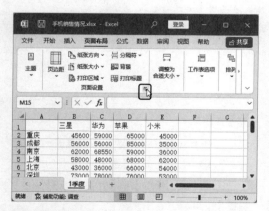

第2步 ▶ 打开【页面设置】对话框，❶在【页边距】选项卡的【居中方式】栏勾选【水平】和【垂直】复选框；❷单击【确定】按钮即可，如下图所示。

03 设置奇偶页不同的页眉和页脚

在Excel中，你可以设置奇偶页不同的页眉和页脚，以使打印效果更加专业。默认设置时，奇数页和偶数页的页眉与页脚内容是相同的，如果需要奇偶页不同的页眉和页脚，可以在ChatGPT中搜索答案。

> 🗨 **提问：** 如何设置奇偶页不同的页眉和页脚？

⑤ChatGPT：

在Excel中，您可以通过以下步骤设置奇偶页不同的页眉和页脚：。

1. 在工作表中单击【页面布局】选项卡。

2. 在【页面设置】组中，单击【打印标题】。

3. 在【打印标题】对话框中，单击【页眉/页脚】选项卡。

4. 选择【奇偶页不同】复选框。

5. 单击【奇数页页眉】或【偶数页页眉】下拉列表，选择【自定义页眉】。

6. 在弹出的【页眉】对话框中，输入您要在奇数页显示的页眉内容。

7. 单击【偶数页页眉】下拉列表，选择【自定义页眉】。

8. 在弹出的【页眉】对话框中，输入您

要在偶数页显示的页眉内容。

9.单击【确定】按钮关闭对话框。

现在，您已经成功设置了奇偶页不同的页眉和页脚。在打印时，Excel将自动根据页码的奇偶性选择相应的页眉和页脚进行打印。

从ChatGPT的回答中，我们可以清楚地看到为奇偶页设置不同页眉和页脚的方法，下面根据回答来进行实际的操作。

第1步 ► 打开"素材文件\第2章\销售清单.xlsx"工作簿，单击【页面布局】选项卡【页面设置】组中的【页面设置】按钮 ⅼ。打开【页面设置】对话框，❶切换到【页眉/页脚】选项卡；❷勾选【奇偶页不同】复选框；❸单击【自定义页眉】按钮，如下图所示。

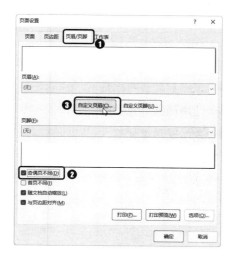

第2步 ► 弹出【页眉】对话框，❶在【奇数页页眉】选项卡中设置奇数页的页眉信息，如在【左部】文本框中输入产品宣传语；❷单击【偶数页页眉】选项卡，如下图所示。

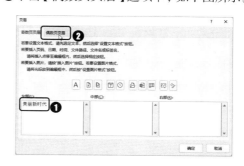

第3步 ► ❶设置偶数页的页眉信息，例如，单击【插入日期】按钮 ⅿ；❷完成设置后，单击【确定】按钮，如下图所示。

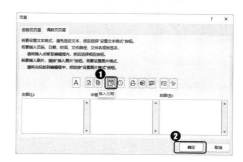

第4步 ► 返回【页面设置】对话框，单击【自定义页脚】按钮，使用相同的方法设置奇数页页脚和偶数页页脚即可，如下图所示。

Excel

第3章

考勤与休假管理

本章导读

在文秘与行政工作中,考勤与休假管理是最常见的员工管理工作之一。本章先通过ChatGPT让读者了解考勤与休假管理制度的基础知识,然后通过Excel来制作《员工月度考勤表》《长假值班安排表》《加班记录表》和《员工出差登记表》,以更好利用Excel表格来记录员工的考勤和加班情况,管理员工数据。

知识要点

- 插入符号
- 设置数据验证
- 管理 Excel 加载项

- 设置日期和时间格式
- 使用函数计算数据
- 突出显示单元格

3.1 使用 ChatGPT 了解考勤与休假管理

考勤与休假管理是企业中非常重要的一项管理工作，主要涉及员工出勤情况、请假、加班等方面的记录和管理。通过对考勤与休假情况的管理，可以有效地掌握员工的出勤情况，及时发现并解决问题，保障企业的正常运转。在学习考勤与休假管理之前，我们首先通过 ChatGPT 了解相关的知识，为之后的学习打下基础。

3.1.1 了解考勤的要点

考勤管理是企业中重要的人力资源管理环节之一，涉及员工工作时间、工作日志、薪酬计算等方面，对于企业的人力资源管理和薪资发放等工作具有重要的意义。那么，在考勤管理工作中，有哪些需要注意的要点，下面就让 ChatGPT 来为我们解惑。

💬 **提问：** 考勤管理的要点有哪些？

🔷 **ChatGPT：**

考勤管理是指对员工的出勤、请假、加班、迟到、早退等行为进行记录和管理。以下是考勤管理的要点。

1. 建立科学的考勤制度：考勤制度应该公平、公正、透明，同时考虑到公司的实际情况，制定适合公司的考勤制度，以便规范员工的出勤行为。

2. 建立有效的考勤记录系统：可以采用人工、机械或电子考勤记录系统，以便快速、准确地记录员工的出勤情况。

3. 加强对考勤数据的管理：考勤数据是考勤管理的基础，需要对其进行及时、准确的统计和分析，以便为公司的决策提供有力的支持。

4. 建立考勤奖惩机制：通过奖励优秀员工和惩罚违规员工的方式，鼓励员工自觉遵守公司的考勤制度，提高员工的出勤率和工作效率。

5. 做好员工考勤资料的保密工作：员工的考勤资料属于个人隐私，应该严格保密，只能在授权的情况下被查阅和使用。

6. 做好考勤记录的备份和存档工作：考勤记录是公司的重要资料，应该建立完善的备份和存档机制，以防止数据丢失或损坏。

7. 定期对考勤制度和管理流程进行评估与改进：考勤制度和管理流程是不断完善与发展的过程，需要根据实际情况定期进行评估和改进，以适应公司的发展和变化。

由以上的回答可以看出，合理的考勤管理可以更有效地管理员工，帮助公司不断向前发展。

3.1.2 制定合理的休假制度

制定合理的休假制度对于企业的人力资源管理至关重要，能够为员工提供良好的工作环境和福利待遇，提高员工的满意度和忠诚度，增强员工的工作积极性和生产效率，从而为企业的长期发展奠定良好的人力资源基础。那么，怎样才能制定出合理的休假制度，不妨来问一下 ChatGPT

的建议。

> 🔟 **提问：** 怎样才能制定出合理的休假制度？

⑤ ChatGPT：

制定合理的休假制度需要考虑以下几个方面。

1. 法律法规：首先要遵守国家法律法规，比如《中华人民共和国劳动法》规定了员工应享有的带薪休假天数和休假方式等。

2. 公司实际情况：需要考虑公司的规模、行业、工作性质、员工数量和结构等实际情况，制定适合公司的休假制度。

3. 员工需求：应该听取员工的意见和需求，了解员工对休假的看法和期望，制定符合员工利益的休假制度。

4. 绩效考核：应该考虑员工的工作表现和绩效考核结果，给予符合绩效的奖励和休假安排。

5. 周期性：需要考虑制定休假制度的周期性，比如是否按年度计算，是否存在累计休假的规定等。

6. 保障制度：应该制定休假保障制度，比如提前告知休假安排、保证员工假期的连续性等。

7. 弹性制度：应该考虑设置弹性休假制度，让员工可以根据自己的需要和工作情况灵活安排休假时间。

8. 公平公正：应该制定公平公正的休假制度，避免任何形式的歧视和不公。

以上是制定合理休假制度的主要方面，具体制定休假制度，需要根据公司的实际情况和员工需求进行综合考虑。同时，需要对制度进行不断调整和改进，以适应公司的发展和变化。

通过ChatGPT的回答可以看出，制定合理的休假制度不仅有利于员工的身心健康和工作效率，也有利于企业的长远发展和稳定运营。所以，文秘与行政管理人员在制定休假制度时，应多方考虑，制定出适合本公司的专属制度。

3.1.3 制作值班安排表的方法

制作值班安排表是组织管理工作中重要的一环，能够帮助保证企业或组织正常运转。制作值班安排表需要考虑多个方面的因素，例如，工作岗位的特性、人员数量和能力、工作时间和规律等。

如果不知道应该怎样制作值班安排表，可以尝试在ChatGPT中提问，看看可以得到什么样的答案。

> 🔟 **提问：** 请按国家法定规章制度，安排2023年国庆节的值班安排表。

⑤ ChatGPT：

国庆节是中国法定节假日之一，2023年国庆节将于10月1日至10月7日举行，共7天。按照国家法定规章制度，在国庆节期间，企事业单位、政府机关等需要保障正常运转的部门进行值班安排。

以下是一个可能的2023年国庆节值班安排表，供参考。

日期	值班部门	值班人员	联系电话
10月1日	安保部门	A、B、C	电话号码
10月2日	安保部门	D、E、F	电话号码
10月3日	运维部门	G、H、I	电话号码
10月4日	运维部门	J、K、L	电话号码
10月5日	客服部门	M、N、O	电话号码
10月6日	客服部门	P、Q、R	电话号码
10月7日	值班主任	S	电话号码

需要注意的是，具体的值班安排应根据

实际情况进行制定和调整。在安排值班人员时，应考虑岗位的紧急性和重要性，确保值班人员能够及时有效地响应和处理相关事件与问题。同时，值班人员的安全和劳动权益也需要得到充分的保障。

由以上回答可以看出，ChatGPT不仅可以提供文字的答案，也可以根据问题制作出表格的大体框架，用户再根据实际情况更改数据，就可以轻松完成。

3.2 制作《员工月度考勤表》

考勤的目的是维护正常工作秩序，提高办事效率，严肃企业纪律，使员工自觉遵守工作时间和劳动纪律。因此员工考勤表是公司必不可少的表格之一，在考勤过程中，涉及的考勤项目包括出勤、迟到、早退、病假、事假等。

本例将制作一份员工月度考勤表，再制作创建考勤表的框架，然后在单元格中插入相应的符号，并设置数据验证，避免输入错误，再使用函数统计考勤情况。实例最终效果见"结果文件\第3章\员工月度考勤表.xlsx"文件。

3.2.1 创建员工考勤表框架

制作员工考勤表的第一步，首先要制

作考勤表的框架，具体的操作方法如下。

第1步 ❶ 新建一个名为"员工月度考勤表"的Excel工作簿，在A1单元格中输入

"12月考勤表"，选中A1:AL1单元格区域；②单击【合并后居中】按钮，如下图所示。

第2步▶ ①选中合并后的A1单元格；②在【开始】选项卡【字体】组中设置字体格式为【黑体，24号】，如下图所示。

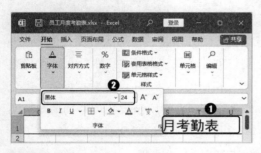

第3步▶ ①选中A3:AL28单元格区域；②单击【开始】选项卡【字体】组中的【边框】下拉按钮 ▦▾；③在弹出的下拉菜单中选择【所有框线】命令，如下图所示。

第4步▶ ①选中A3:A4单元格区域，②单击【开始】选项卡【对齐方式】组中的【合并后居中】右侧的下拉按钮；③在弹出的下拉菜单中选择【合并单元格】命令，如下图所示。

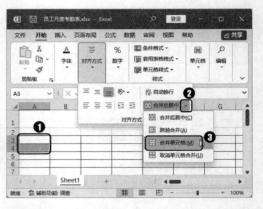

第5步▶ 输入"日期 姓名"文本，将鼠标指针定位到"日期"文本后，按下【Alt+Enter】组合键换行，如下图所示。

第6步▶ ①选中合并后的A3单元格；②在单元格上右击，在弹出的快捷菜单中选择【设置单元格格式】选项，如下图所示。

第7步▶ ❶打开【设置单元格格式】对话框,在【边框】选项卡的【边框】栏中选择【斜框线】按钮▨;❷单击【确定】按钮,如下图所示。

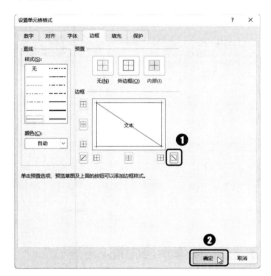

第8步▶ 将鼠标指针定位到"日期"文本前,使用空格将"日期"文本移动到单元格右上角,如下图所示。

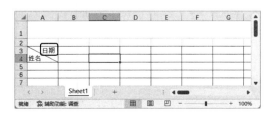

第9步▶ ❶在B3:B6单元格区域中输入如下图所示的文本;❷选中B5:B6单元格区域,并将鼠标指针移动到单元格区域的右下角,当鼠标指针变为+时按下鼠标左键向下拖动鼠标填充文本。

第10步▶ 使用相同的方法合并A5:A6单元格区域,并向下填充复制合并命令,如下图所示。

第11步▶ ❶输入员工姓名,并选择A5:A28单元格区域;❷单击【开始】选项卡【对齐方式】组中的【垂直居中】按钮≣,如下图所示。

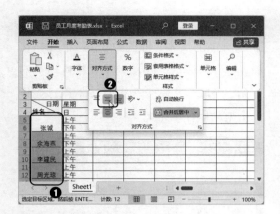

第12步▶ ❶选择C3:AG28单元格区域；❷单击【开始】选项卡【单元格】组中的【格式】下拉按钮；❸在弹出的下拉菜单中选择【列宽】命令；❹弹出【列宽】对话框，在【列宽】文本框中输入"2"；❺单击【确定】按钮，如下图所示。

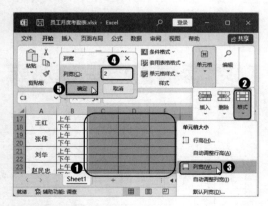

第13步▶ ❶选择A3:AL28单元格区域；❷单击【开始】选项卡【字体】组中的【边框】下拉按钮 ⊞ ▾；❸在弹出的下拉菜单中选择【粗外侧框线】选项，如下图所示。

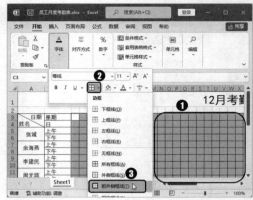

第14步▶ 在第二行输入如下图所示的文本，并根据实际情况合并单元格和调整文本格式。

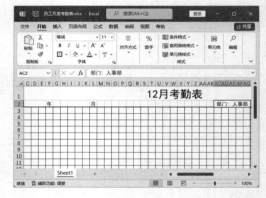

3.2.2 在单元格中插入符号

在制作考勤表时，需要插入各种符号以表示考勤状态，本例将在单元格中插入考勤项目的相关符号。

第1步▶ ❶在表格下方输入如下图所示的备注文本相应内容，将鼠标指针定位到"出勤"文本右侧的单元格中；❷单击【插入】选项卡【符号】组中的【符号】按钮。

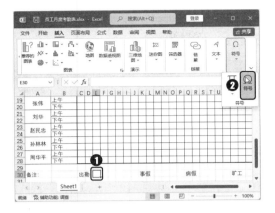

第2步 ❶打开【符号】对话框，选择表示出勤状态的符号；❷单击【插入】按钮，如下图所示。

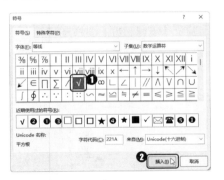

第3步 使用相同的方法添加其他考勤符号，如下图所示。

3.2.3 设置数据验证

设置数据验证可以帮助我们限定单元格中可输入的内容，并提供提示，从而减少输入错误，提高工作效率。下面将通过设置数据验证的方法来控制制表日期和考勤状况的输入方式。

第1步 ❶将鼠标指针定位到第二行的"年"文本前方的单元格中；❷单击【数据】选项卡【数据工具】组中的【数据验证】按钮，如下图所示。

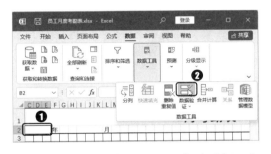

第2步 ❶打开【数据验证】对话框，在【设置】选项卡中的【允许】下拉列表中选择【序列】；❷在【来源】文本框中输入"2022,2023,2024, 2025"；❸单击【确定】按钮，如下图所示。

第3步 ❶将光标定位到"月"文本前方的单元格中，再使用相同的方法打开【数据验证】对话框，在【允许】下拉列表中选择【序列】；❷在【来源】文本框中输入"1,2,3,4,5,6,7,8,9,10,11,12"；❸单击【确定】按钮，如下图所示。

温馨提示 ●

在设置序列时，不同的序列选项之间均以英文的逗号隔开。

第4步 ● 设置完成后，所选单元格的右侧将出现下拉按钮，单击该下拉按钮即可选择输入内容，如下图所示。

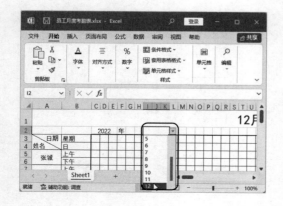

第5步 ● 在AO3:AO7单元格区域中输入考勤符号，如下图所示。

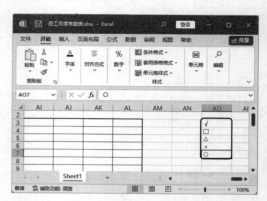

第6步 ❶选择C5:AG28单元格区域；❷单击【数据】选项卡【数据工具】组中的【数据验证】按钮，如下图所示。

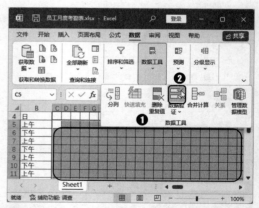

第7步 ● 打开【数据验证】对话框，❶在【设置】选项卡中的【允许】下拉列表中选择【序列】；❷在【来源】文本框中选择AO3:AO7单元格区域；❸单击【确定】按钮，如下图所示。

3.2.4 设置日期自动显示

通过输入函数，可以根据考勤人员选择的制表日期来自动获取该月的日期，使其以星期和号数的形式进行显示，并使用条件格式突出显示星期六和星期日的日期。

第1步 ❶选择C4:AG4单元格区域，然后打开【设置单元格格式】对话框，在【数字】选项卡中单击【自定义】选项；❷在【类型】文本框中输入"d"；❸单击【确定】按钮，如下图所示。

第2步 ❶选择C4单元格，在编辑栏中输入函数"=IF(MONTH(DATE($B$2,$I$2,COLUMN(A1)))=$I$2,DATE($B$2,$I$2,COLUMN(A1)),"")"；❷向右填充公式至D4:AG4单元格区域，如下图所示。

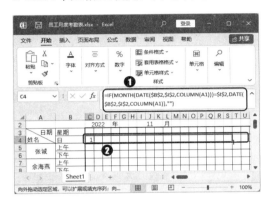

温馨提示 ●

函数中B2和I2分别代表年和月所在单元格，用户可根据自身情况输入。

第3步 ❶选择C3单元格，在编辑栏中输入函数"=TEXT(C4,"AAA")"；❷向右填充函数至D3:AG3单元格区域，如下图所示。

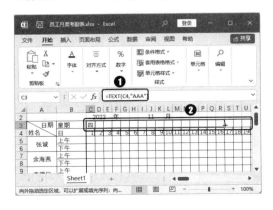

第4步 ► ❶选择C3:AG3单元格区域；❷单击【开始】选项卡【样式】组中的【条件格式】下拉按钮；❸在弹出的下拉菜单中选择【突出显示单元格规则】命令；❹在弹出的子菜单中选择【等于】选项，如下图所示。

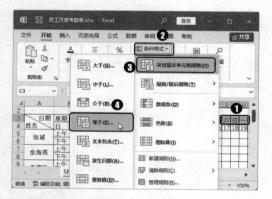

第5步 ► 打开【等于】对话框，❶在【为等于以下值的单元格设置格式】文本框中输入"六"；❷在【设置为】下拉列表中选择【自定义格式】选项，如下图所示。

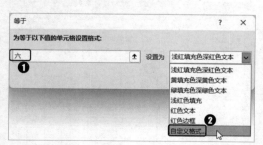

第6步 ► 打开【设置单元格格式】对话框，❶在【填充】选项卡中选择一种背景色；❷依次单击【确定】按钮，如下图所示。

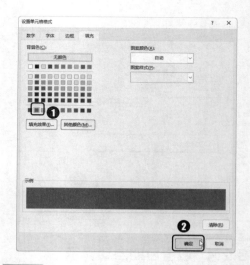

第7步 ► 返回工作表中即可看到日期为星期六时的单元格已填充了背景色，如下图所示。

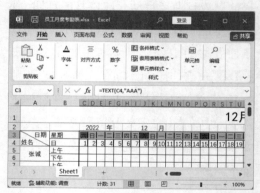

第8步 ► 使用相同的方法为星期日填充相同的背景颜色，如下图所示。

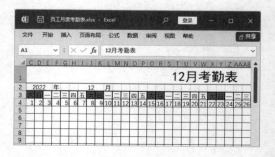

3.2.5 计算员工的考勤情况

在记录了一个月的员工考勤情况之后，可以用公式和函数自动计算出员工当月的出勤、请假、旷工的天数和迟到的次数。

第1步 ❶根据员工的实际出勤情况填写员工的出勤记录；❷在 AH3:AL28 单元格按下图所示合并单元格区域，并输入文本。

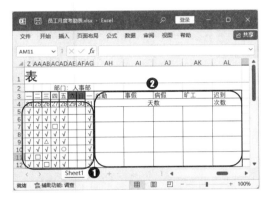

第2步 ❶选中合并后的 AH5 单元格，在编辑栏中输入函数 "=(COUNTIF(C5:AG5,"√")+COUNTIF(C6:AG6,"√"))/2"；❷按【Enter】键计算出第一位员工的出勤天数，如下图所示。

第3步 使用相同的方法计算出第一位员工的事假天数，如下图所示。

第4步 第一位员工的考勤统计完成后，选择 AH5:AL5 单元格区域，向下填充，❶单击【自动填充选项】按钮；❷在弹出的下拉菜单中选择【不带格式填充】选项，如下图所示。

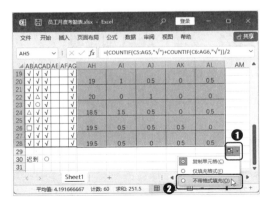

3.3 制作《长假值班安排表》

五一、国庆、春节等长假时，许多公司和事业单位会安排人员值班，以便及时解决一些突发状况，保障公司和单位的财产安全。

本例将制作长假值班安排表，因为值班人员的情况不一，可以选择的值班时间不同，所以要使用规划求解合理安排值班表。实例最终效果见"结果文件\第3章\长假值班安排表.xlsx"文件。

春节放假值班安排表			
值班人员	值班次序	值班日期	情况：
刘平		1月21日	春节放假8天，期间共6名员工参与假期值班，其中刘平和王立云需要值班两次。
刘平2	8	1月28日	
王立云	3	1月23日	
王立云2	7	1月27日	
李兴国	4	1月24日	刘平第1次值班由于个人原因要在第1天；
孙小红	2	1月22日	刘平第2次值班要在王立云第2次值班之后1天；
赵军	5	1月25日	王立云的两次值班要在赵军前后；
陈华	6	1月26日	李兴国要比孙某晚2天值班；
			赵军第1月25日有空，安排在当天值班；
			陈华值班要比王立云第1次值班晚3天。

3.3.1 管理 Excel 加载项

默认情况下，在 Excel 2021 中并没有启用"规划求解"功能，为了制作长假值班安排表，需要将其添加到功能区中，以便使用。具体操作方法如下。

第1步 ▶ 打开"素材文件\第3章\长假值班安排表.xlsx"工作簿，切换到【文件】选项卡，单击【选项】命令，如下图所示。

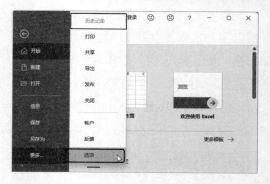

第2步 ▶ 打开【Excel选项】对话框，❶切换到【加载项】选项卡；❷在【管理】下拉列表中选择【Excel加载项】选项；❸单击【转到】按钮，如下图所示。

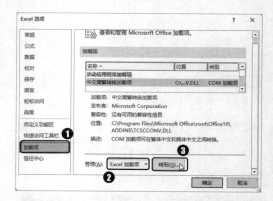

第3步 ▶ 打开【加载项】对话框，❶勾选【规划求解加载项】复选框；❷单击【确定】按钮，如下图所示。

> **教您一招：取消添加【规划求解】**
>
> 如果要取消添加的加载项，只需再次打开【加载项】对话框，取消勾选该加载项，然后单击【确定】按钮即可。

第1步 ❶单击第4行的行标，选择第4行；❷单击【开始】选项卡【单元格】组中的【插入】按钮，如下图所示。

第4步 返回工作表，切换到【数据】选项卡，即可看到其中添加了【规划求解】按钮，如下图所示。

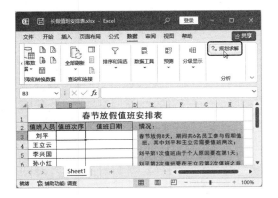

第2步 可以看到该行前插入了一行，该行顺序下移，右击第6行的行标，在弹出的快捷菜单中选择【插入】命令，如下图所示。

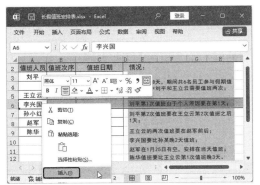

3.3.2 调整表格辅助计算

为了通过函数和"规划求解"功能，计算出符合条件要求的长假值班安排，需要对表格进行一些调整，再进行计算。具体操作方法如下。

第3步 ❶因为有2个员工要值班两天，所以在插入的单元格中输入该员工相应的信息；❷选中E6:H6单元格区域；❸单击【开始】选项卡【单元格】组中的【删除】命令，如下图所示。

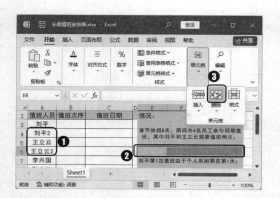

第4步 ▶ 在I2和I3单元格中输入两个必要参数项"变量"和"目标"，并设置文本格式和单元格格式，如下图所示。

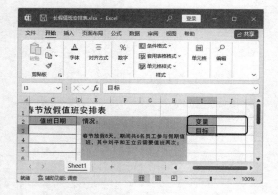

3.3.3 计算值班安排

调整好表格之后，就可以利用公式和"规划求解"功能，计算出符合条件要求的长假值班安排了。具体操作方法如下。

温馨提示 ●

【规划求解】是指通过调整所指定的可更改的单元格（可变单元格）中的值，从目标单元格公式中求得所需的结果，借助【规划求解】，可求得工作表上目标单元格中公式的最优值。

第1步 ▶ ❶根据情况介绍，在K2到K9单元格中输入数字1到8；❷在K10单元格中输入公式"=PRODUCT(K2:K9)"，按【Enter】键确认，如下图所示。

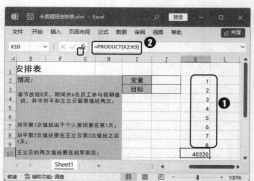

第2步 ▶ 根据情况介绍，在B3到B10单元格中输入相应的公式或数字，如下图所示。

温馨提示 ●

此处的公式根据情况中每个人的值班时间来设定。

第3步 ▶ 在J3单元格中输入公式：=PRODUCT(B3:B10)，按【Enter】键确认输入，如下图所示。

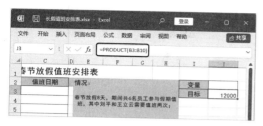

第4步 ❶选中J3单元格；❷单击【数据】选项卡【分析】组中的【规划求解】按钮，如下图所示。

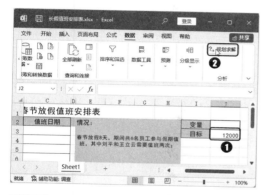

第5步 打开【规划求解参数】对话框，❶默认【设置目标】为"$J$3"；❷选择【目标值】单选项，在【目标值】文本框中输入K10单元格中的计算结果"40320"；❸单击【通过更改可变单元格】文本框后的折叠按钮，如下图所示。

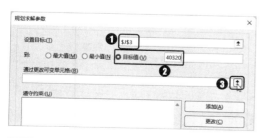

第6步 返回工作表，选择B8单元格，可以看到在【规划求解参数】对话框中输入

"$B$8"，如下图所示。

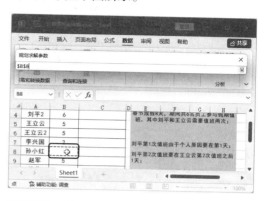

第7步 ❶输入英文状态下的逗号","作为分隔符，选择J2单元格；❷单击【规划求解参数】对话框中的展开按钮，如下图所示。

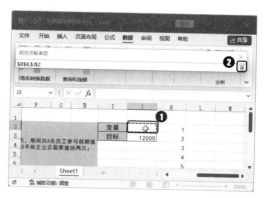

第8步 ❶返回【规划求解参数】对话框，单击【添加】按钮，如下图所示。

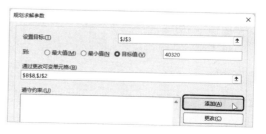

第9步 打开【添加约束】对话框，❶选

中 B8 单元格，在【单元格引用】文本框中将自动输入 "$B$8"；❷ 在关系运算符下拉列表中选择【int】选项，【约束】文本框中将自动出现【整数】；❸ 单击【添加】按钮，如下图所示。

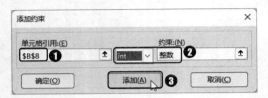

第10步● 设置的约束被添加到【规划求解参数】对话框中，系统清空【添加约束】对话框，可以继续添加约束。❶ 参照前面的方法，设置 B8 单元格大于等于 "1"；❷ 单击【添加】按钮，如下图所示。

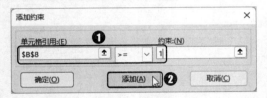

第11步● ❶ 参照前面的方法，设置 B8 单元格小于等于 "8"；❷ 单击【确定】按钮，如下图所示。

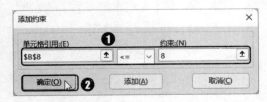

第12步● 返回【规划求解参数】对话框，在【遵守约束】列表框中可以看到之前设置的约束，单击【添加】按钮继续添加约束，如下图所示。

第13步● 参照前面的方法，设置 J2 单元格为【整数】，大于等于【1】，小于等于【8】，如下图所示。

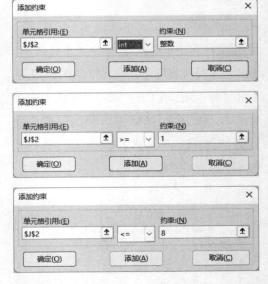

第14步● 设置完成后在【规划求解参数】对话框的【遵守约束】列表框中可以看到设置的约束。在【规划求解参数】对话框

中单击【求解】按钮，系统将进行运算，如下图所示。

第15步 ❶运算完成后，结果显示在工作表中，并弹出【规划求解结果】对话框，确认运算结果后，选择【保留规划求解的解】单选项；❷完成后单击【确定】按钮即可，如下图所示。

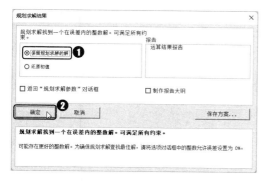

第16步 ❶返回工作表，可以看到规划求解的结果；❷选中 C3:C10 单元格区域；❸单击【开始】选项卡【数字】组中的【数字格

式】按钮⌐，如下图所示。

第17步 打开【设置单元格格式】对话框，❶在【数字】选项卡的【分类】列表框中选择【日期】选项；❷在对应的【类型】列表框中选择【3月14日】选项；❸完成后单击【确定】按钮，设置该区域单元格格式为"3月14日"的日期格式，如下图所示。

第18步 在 M2:N10 单元格区域中输入值班次序和值班日期的对照表，并设置表格边框、底纹等，如下图所示。

温馨提示●
使用VLOOKUP函数可以搜索某个单元格区域的第一列，然后返回该区域相同行上任何单元格中的值，其语法为：VLOOKUP(lookup_value, table_array, col_index_num, [range_lookup])。

第19步▶ 在C3单元格中输入公式 "=VLOOKUP(B3,$M$2:$N$10,2,FALSE)"，按【Enter】键确认输入，可以看到计算结果为值班日期，如下图所示。

第20步▶ 选中C3单元格，将鼠标指针指向单元格右下角，当鼠标指针呈＋字形状时，按住鼠标左键不放，向下拖动到适当位置，释放鼠标左键，即可将公式复制到C4至C10单元格中，得到值班安排结果，如下图所示。

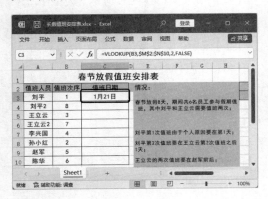

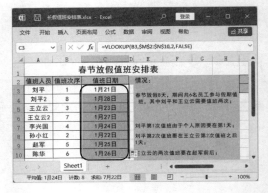

3.4 制作《加班记录表》

在工作中，经常会因为特殊原因需要加班，此时应该记录员工的加班时间，以便之后计算加班补贴。

本例将制作加班记录表，在记录加班人员信息时，需要设置日期和时间的格式，记录完成后，通过公式计算出加班时间和加班费。实例最终效果见"结果文件\第3章\加班记录表.xlsx"文件。

加班记录表								
日期	加班人	部门	职务	加班原因	开始时间	结束时间	加班时长	加班费
2023/3/1	张诚	销售部	员工	需提前完成工作	6:00 PM	9:00 PM	3	108
2023/3/1	余海燕	销售部	员工	需提前完成工作	6:00 PM	10:30 PM	4.5	162
2023/3/1	李建民	销售部	主管	需提前完成工作	6:00 PM	9:00 PM	3	108
2023/3/1	周光琼	涉外部	员工	需提前完成工作	6:00 PM	9:00 PM	3	108
2023/3/1	王思君	销售部	员工	需提前完成工作	7:00 PM	9:00 PM	2	72
2023/3/2	李平	销售部	员工	需提前完成工作	6:00 PM	8:00 PM	2	72
2023/3/2	王红	财务部	主管	需提前完成工作	6:00 PM	10:00 PM	4	144
2023/3/2	张伟	销售部	员工	需提前完成工作	6:00 PM	9:00 PM	3	108
2023/3/3	刘华	财务部	员工	需提前完成工作	6:00 PM	10:30 PM	4.5	162
2023/3/3	赵民忠	销售部	员工	需提前完成工作	6:30 PM	10:30 PM	4	144
2023/3/3	孙林林	财务部	员工	需提前完成工作	6:00 PM	9:30 PM	3.5	126
2023/3/3	周华平	销售部	员工	需提前完成工作	6:00 PM	9:00 PM	3	108

3.4.1 记录加班信息

当员工加班时，需要建立加班记录表，记录加班的开始时间和结束时间等信息，具体操作方法如下。

第1步 ▶ 新建一个名为"加班记录表"的 Excel 工作簿，输入标题和表头，❶选中 A1:I1 单元格区域；❷单击【开始】选项卡【对齐方式】组中的【合并后居中】按钮▣，如下图所示。

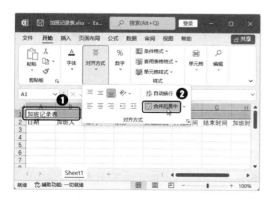

第2步 ▶ 选中合并后的 A1 单元格，在【开始】选项卡【字体】组中设置字体样式，如下图所示。

第3步 ▶ ❶选择 A2:I2 单元格区域；❷在【开始】选项卡【字体】组中设置字体样式，如下图所示。

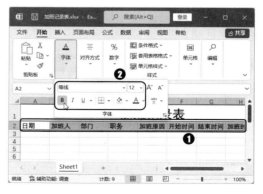

第4步 ▶ 输入表格中的文本内容，如下图所示。

3.4.2　设置日期和时间格式

　　对于加班记录表中的日期和时间，需要根据情况设置不同的格式，具体操作方法如下。

第1步 ❶选择A3:A14单元格区域；❷单击【开始】选项卡【数字】组中的【数字格式】下拉按钮 ✓；❸在弹出的下拉菜单中选择【短日期】选项，如下图所示。

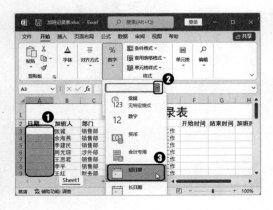

第2步 在A3:A14单元格区域中输入日期，如下图所示。

第3步 ❶选择F3:G14单元格区域；❷单击【开始】选项卡【数字】组中的【数字格式】按钮 ⌐，如下图所示。

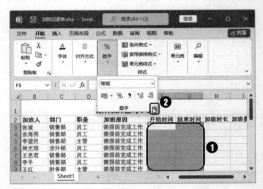

第4步 打开【设置单元格格式】对话框，❶在【分类】列表框中选择【时间】选项；❷在【类型】列表框中选择一种时间格式；❸单击【确定】按钮，如下图所示。

第5步 在 F3 单元格中输入加班的开始时间，按【Enter】键即可将时间自动转换为设置的格式，如下图所示。

第6步 使用相同的方法输入开始时间和结束时间，如下图所示。

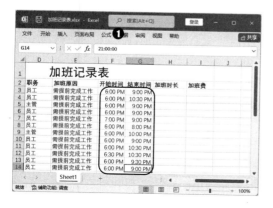

3.4.3 计算加班时间

加班的开始时间和结束时间记录完成后，就可以开始计算加班时长了，具体操作方法如下。

第1步 在 H3 单元格输入公式"=FLOOR(24*(G3-F3),0.5)"，按【Enter】键计算出结果，然后填充到下方的单元格中，如下图所示。

第2步 ❶在 J3 单元格中输入每小时的加班费；❷在 I3 单元格中输入公式"=H3*$J$3"，如下图所示。

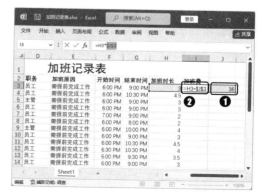

第3步 按【Enter】键得到结果，将公式填充到下方的单元格中，如下图所示。

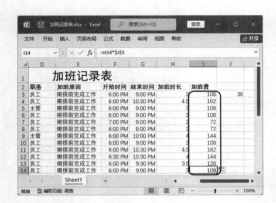

第4步 ❶选择A2:I14单元格区域；❷单击【开始】选项卡【样式】组中的【套用表格格式】下拉按钮；❸在弹出的下拉菜单中选择一种表格样式，如下图所示。

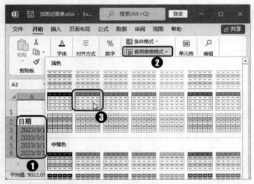

第5步 打开【创建表】对话框，默认选择了数据源，直接单击【确定】按钮，如右图所示。

第6步 ❶单击【表设计】选项卡【工具】组中的【转换为区域】命令；❷在弹出的提示对话框中单击【是】按钮，如下图所示。

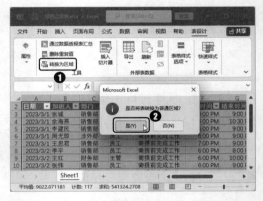

第7步 返回工作表，即可看到已经应用了表格样式，如下图所示。

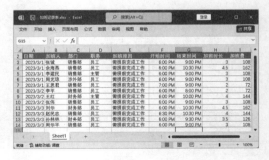

3.5 制作《员工出差登记表》

　　公司员工可能会因为产品宣传、工作会议、技术培训等原因而出差，在出差期间员工的津贴、补助和报销费用等都将另行计算。在文秘与行政工作中，为了了解员工的出差情况，公司通常需要制作员工出差登记表。

本例将制作员工出差登记表，在制作时首先使用TODAY函数插入当前日期，然后使用IF函数判断员工是否按时返回，然后使用条件格式突出显示没有及时返回的员工信息。实例最终效果见"结果文件\第3章\员工出差登记表.xlsx"文件。

姓名	部门	目的地	出发日期	返回日期	预计天数	实际天数	出差原因	联系电话	是否按时返回	备注
									制表日期：	2022/12/7
张小花	销售部	成都	2022/11/1	2022/11/4	4	5	工作会议	1338888XXXX	否	会议时间延长
李有名	销售部	昆明	2022/11/5	2022/11/6	2	2	培训	1357777XXXX	是	
王华	销售部	北京	2022/11/8	2022/11/10	3	4	新产品宣传	1367415XXXX	否	产品内容增加
陈致秋	销售部	成都	2022/11/15	2022/11/17	3	3	培训	1364589XXXX	是	
林一见	研发部	南京	2022/11/17	2022/11/20	4	4	技术支持	1389564XXXX	是	

3.5.1 用 TODAY 函数插入当前日期

在制作员工出差登记表时，需要对其格式进行相应的设置，并使用TODAY函数插入系统当前日期。

第1步 ❶新建一个名为"员工出差登记表"的Excel文档，在其中输入相应的数据，并设置字体样式，选中A3:K3单元格区域；❷单击【开始】选项卡【对齐方式】组中的【自动换行】按钮，如下图所示。

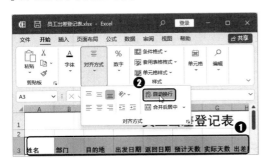

第2步 设置后即可看到表头因为单元格列宽不够，不能完全显示的单元格已经自动换行为两行显示，保持单元格区域的选中状态，单击【开始】选项卡【对齐方式】

组中的【垂直居中】按钮，如下图所示。

第3步 选择K2单元格，在编辑栏中输入函数"=TODAY()"，按【Enter】键即可得到系统当前的日期，如下图所示。

第4步 ❶在日期前方的单元格中输入"制表日期："文本，然后选中J2:K2单元格

区域；❷在【开始】选项卡【字体】组中设置字体格式，如下图所示。

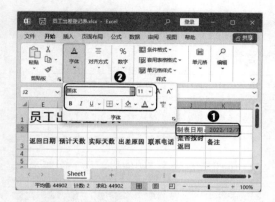

3.5.2 使用 IF 函数判断是否按时返回

有时候，因为客户或自身的原因，员工没有在预定的时间内返回公司，需要向人事部门报备并说明原因。下面将使用IF函数来判断员工是否按时返回。

第1步 ► ❶在出差登记表中输入本月的出差记录；❷选择J4单元格；❸单击【公式】选项卡【函数库】组中的【插入函数】按钮，如下图所示。

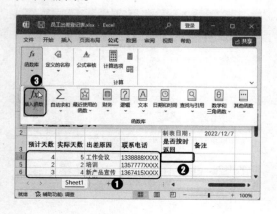

第2步 ► ❶打开【插入函数】对话框，在【选择函数】列表框中选择【IF】函数；❷单击【确定】按钮，如下图所示。

第3步 ► ❶在【函数参数】对话框IF函数对应的文本框中，分别输入"G4>F4""否""""是"""；❷单击【确定】按钮，如下图所示。

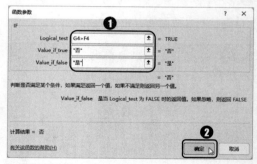

第4步 ► 返回工作表中即可查看J4单元格显示是否按时返回。将鼠标指针移动到单元格的右下角，当鼠标指针变为＋时双击鼠标左键，即可自动向下填充公式，如下图所示。

第5步 在"备注"列单元格中根据是否按时返回列中的数据输入未按时返回的原因，如下图所示。

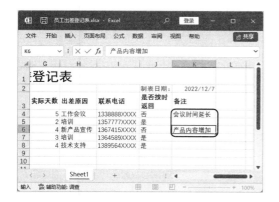

3.5.3 突出显示单元格

有的公司对于出差时间较长的员工会有特别的补助，在填写了出差情况之后，可以突出显示大于某个数值的单元格。

第1步 ❶选中 A3:K8 单元格区域；❷单击【开始】选项卡【字体】组中的【边框】下拉按钮 ；❸在弹出的下拉菜单中选择【粗外侧框线】选项，如下图所示。

第2步 ❶选中 G4:G8 单元格区域；❷单击【开始】选项卡【样式】组中的【条件格式】下拉按钮；❸在弹出的下拉菜单中选择【突出显示单元格规则】选项；❹在打开的扩展菜单中选择【大于】命令，如下图所示。

第3步 ❶打开【大于】对话框，设置数值为"4"，在【设置为】下拉列表中选择填充颜色；❷单击【确定】按钮，如下图所示。

83

第4步 ● 返回工作表中，即可看到实际天数大于4的数值已经被突出显示，如下图所示。

ChatGPT 答疑与点拨

通过前面知识的学习，相信读者朋友已经掌握了制作考勤与休假管理工作簿的基本方法，如设置数据验证、设置日期、使用规划求解、使用函数计算等。下面结合本章内容，让ChatGPT给读者介绍一些工作中的实用经验与技巧，让你可以更方便地安排各项事务。

01　快速插入多行或多列

在编辑工作表时，若要在其中添加数据，就需要添加行或列，通常用户都会一行或一列地逐一插入。如果要添加大量的数据，需要添加多行或多列时，逐一添加行或列会比较慢，影响工作效率，这时就有必要掌握添加多行或多列的方法。如果不知道如何插入，可以在ChatGPT中通过提问来获取答案。

💬 **提问**：如何快速插入多行或多列?

⑤**ChatGPT：**

在 Excel 中，可以使用以下方法插入多行或多列。

1. 选中需要插入行或列的位置。

2. 按住【Ctrl】键，同时单击需要插入的行或列号，例如，如果要插入第3行至第6行，可以先选中第3行，然后按住【Ctrl】键，依次单击第4、第5、第6行的行号。

3. 右击选中的行或列号，选择【插入】选项。

插入行或列后，原来的行或列会自动向下或向右移动，以腾出插入的位置。

根据以上的回答，如果需要在工作表中插入4行，具体操作方法如下。

第1步 ● ❶在工作表中选中四行，右击；❷在弹出的快捷菜单中选择【插入】命令，如下图所示。

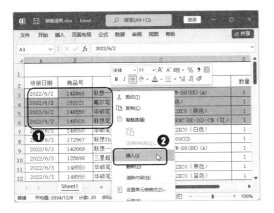

第2步 操作完成后，即可在选中的操作区域上方插入数量相同的行，如下图所示。

02 设置单元格数值输入范围

输入表格数据时，为了保证输入的正确率，可以通过数据验证设置数值的输入范围。下面来问一问ChatGPT是如何设置的。

> **提问：** 如何设置单元格数值输入范围？

ChatGPT：

你可以使用Excel的数据验证功能来设置单元格数值的输入范围。具体步骤如下。

1. 选中需要设置输入范围的单元格或单元格区域。

2. 在【数据】选项卡下的【数据工具】分组中单击【数据验证】。

3. 在【设置】选项卡下的【允许】中选择【整数】或【小数】等数值类型。

4. 在【数据】选项卡下的【输入提示】中输入提示信息，以帮助用户了解所需的输入内容。

5. 在【数据】选项卡下的【错误提示】中输入错误提示信息，以帮助用户在输入错误数据时进行纠正。

通过这种方式，你可以限制单元格中输入的数值范围，并且可以为用户提供相关提示信息。

查看ChatGPT的回答后，我们就可以根据提示来设置单元格数值的输入范围，具体操作方法如下。

第1步 打开"素材文件\第3章\商品定价表.xlsx"文件，❶选中要设置数值输入范围的单元格区域B3:B8；❷单击【数据】选项卡【数据工具】组中的【数据验证】按钮，如下图所示。

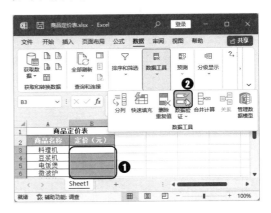

第2步 ❶打开【数据验证】对话框，在【允许】下拉列表中选择【整数】选项；❷在【数据】下拉列表中选择【介于】选项；❸分别设置文本长度的最大值和最小值，如最小值为【300】，最大值为【800】；❹单击【确定】按钮，如下图所示。

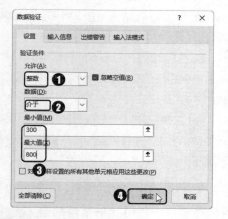

第3步 返回工作表中，在B3:B8中输入300~800之外的数据时，会出现错误提示的警告，如下图所示。

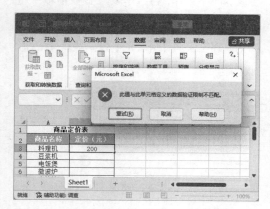

03 快速输入大写中文数字

在文秘与行政工作中，制作表格时经常会遇到需要输入大写的中文数字。对于少量的大写中文数字，按照常规的方法直接输入即可；对于大量的大写中文数字，为了提高输入速度，可以先进行格式设置再输入，或者输入后再设置格式进行转换。

如果想要了解更多的方法，也可以在ChatGPT中寻找答案。

> **提问：** 怎么快速输入大写中文数字？

ChatGPT：

在 Excel 中快速输入大写中文数字，可以通过以下几种方法实现。

1. 使用 Excel 内置的转换函数，将阿拉伯数字转换为大写中文数字。在需要输入的单元格中输入阿拉伯数字，然后在相邻单元格中输入以下公式：=TEXT(A1,"[$-0804][DBNum2]")，其中 A1 是需要转换的单元格地址，公式的 "[$-0804][DBNum2]" 参数表示输出中文数字，并将其转换为大写形式。最后将公式向下填充，即可快速输入大写中文数字。

2. 在 Excel 中使用自定义列表功能，将大写中文数字添加到自定义列表中，然后在需要输入数字的单元格中，输入相应的阿拉伯数字。然后选择这些单元格，在右键菜单中选择【填充】→【序列】，在【序列】对话框中选择【列】，在【类型】下拉菜单中选择【自定义列表】，在【输入】框中输入需要的大写中文数字，单击【添加】按钮将其添加到列表中，然后单击【确定】按钮，即可快速输入大写中文数字。

3. 如果需要输入的数字比较少，也可以

直接使用 Windows 系统自带的输入法（如中文输入法、五笔输入法等），在输入数字时直接切换为大写中文数字模式，输入完毕后再切换回阿拉伯数字模式即可。

而除了以上几种方法，还有一种方法也可以快速输入大写中文数字，具体操作方法如下。

第1步 ▶ 打开"素材文件\第3章\手机销售情况.xlsx"文件，❶选择要转换成大写中文数字的单元格区域B25；❷单击【开始】选项卡【数字】组中的【数字格式】按钮，如下图所示。

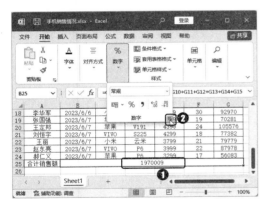

第2步 ▶ 打开【设置单元格格式】对话框，❶在【数字】选项卡的【分类】列表框中选择【特殊】选项；❷在右侧【类型】列表框中选择【中文大写数字】选项；❸单击【确定】按钮，如下图所示。

第3步 ▶ 返回工作表，即可看到所选单元格中的数字已经变为中文大写数字，如下图所示。

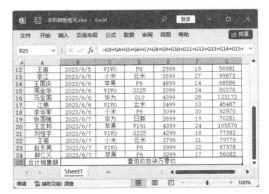

Excel

第 4 章

员工考核与薪酬管理

本章导读

　　制定规范的员工考核和薪资管理体系，可以从员工的各个方面进行考评，从而作为员工晋升、加薪或辞退的有力凭据。本章将通过ChatGPT让读者了解员工考核与薪酬管理的基础知识，再通过Excel制作《员工考核表》《员工薪酬管理系统》和《员工工资统计表》，来介绍Excel在文秘与行政工作中，关于员工考核和薪酬管理的实操应用技能。

知识要点

- ● 引用单元格数据
- ● 排序数据
- ● 输入特殊数据

- ● 使用公式
- ● 使用函数
- ● 打印工资条

4.1 使用 ChatGPT 了解员工考核与薪酬管理

员工考核与薪酬管理是企业人力资源管理中非常重要的一个环节，也是保持企业竞争力的必要手段之一。通过对员工的考核和薪酬管理，能够有效激发员工的积极性和创造力，提高员工的工作质量和效率，从而提高企业的生产力和经济效益。在此之前，首先通过 ChatGPT 来了解员工考核与薪酬管理的基础知识。

4.1.1 员工考核的意义

建立科学的员工考核制度，实现全员考核和全面考核，是企业提升管理水平和推动可持续发展的必要条件之一，也是企业人力资源管理的核心内容之一。在进行员工考核之前，可以问一问 ChatGPT，进行员工考核有何意义。

> ⑩ 提问：为什么要进行员工考核？

⑤ ChatGPT:

员工考核是一种评估员工工作表现的方法，其目的是帮助企业评估员工的绩效、发现员工的优点和不足之处，并制订改进计划，以提高企业的效率和生产力。以下是进行员工考核的一些原因。

1. 提高员工工作表现：员工考核可以帮助员工了解自己的优点和不足之处，提高自我意识和工作动力，从而改进工作表现，达到更高的目标。

2. 识别员工发展需求：通过员工考核，

企业可以了解员工的技能、知识和能力，识别员工的发展需求，制订培训计划和晋升计划，为员工提供发展机会。

3. 支持薪酬管理：员工考核可以作为薪酬管理的依据，为企业制订公正合理的薪酬制度，激励员工积极工作，提高企业的生产效益。

4. 促进员工与企业的互动：员工考核可以建立良好的沟通机制，促进员工与企业的互动，建立信任和合作关系，共同实现企业目标。

总之，员工考核是企业管理的重要手段之一，可以帮助企业提高绩效和效率，促进员工的发展和成长，进而实现企业的长期发展目标。

由此可知，员工考核是企业管理中至关重要的环节，只有明白了员工考核的意义，才能在接下来的管理中更加游刃有余。

4.1.2 薪酬管理的注意事项

薪酬管理是一项非常重要的工作，关系到员工的薪酬待遇，直接影响到员工的工作积极性和公司的业务发展。在进行薪酬管理时，有哪些需要注意的地方，可以请 ChatGPT 来为我们解答。

> ⑩ 提问：薪酬管理的注意事项有哪些？

⑤ ChatGPT:

薪酬管理是一项重要的人力资源管理工

作，它关系到企业的薪酬体系建设、薪酬分配、员工激励和福利保障等方面，以下是薪酬管理的注意事项。

1. 市场薪酬调研：企业应该定期进行市场薪酬调研，了解同行业同地区的薪酬水平，从而制定合理的薪酬标准。

2. 公平公正原则：薪酬管理要遵循公平公正的原则，对同一岗位的员工应该制定统一的薪酬标准，避免薪酬歧视。

3. 激励机制：企业应该制定激励机制，将员工的绩效和贡献与薪酬挂钩，鼓励员工积极进取，提高工作效率和质量。

4. 薪酬结构设计：企业应该根据不同岗位的职责和要求，设计不同的薪酬结构，包括基本工资、绩效奖金、福利待遇等。

5. 合法合规原则：企业在制定薪酬政策时应遵循国家法律法规和劳动法律法规，确保薪酬分配合法合规。

6. 及时调整：企业应该根据市场变化和公司业务发展情况及时调整薪酬标准，保持薪酬的竞争力和吸引力。

总之，薪酬管理是企业人力资源管理的重要组成部分，应该遵循公平公正原则，制定合理的薪酬政策和激励机制，确保薪酬体系的合法合规及及时调整，从而激励员工积极进取，推动企业的发展。

由此可见，薪酬管理是一项需要综合考虑多种因素的工作，只有做到公正、透明，注重员工激励和保护员工权益，才能为公司的发展提供稳定的人力资源支持。

4.2 制作《员工考核表》

在季末或本年度末的时候，企业人力资源部往往会对员工在本季度或本年度的表现进行考核，并通过最终的考核成绩对员工进行一定的年终奖励。

本例将制作员工考核表，首先将工作表复制到新建工作簿中，通过引用复制工作表中的数据，制作每季度的考核表，并计算出考核成绩，然后在年度考核表中，计算出年度考核成绩，最后计算出排名和奖金。实例最终效果见"结果文件\第4章\员工考核表.xlsx"文件。

4.2.1 复制工作表

在本例中，整个员工年度考核系统由各季度缺勤记录表、各季度考核表和年度考核表组成。下面将首先制作一个各季度缺勤记录表，具体操作方法如下。

第1步 ▶ 新建一个名为"员工考核表"的

工作簿，打开"素材文件\第4章\缺勤记录表.xlsx"，右击"各季度缺勤记录"工作表标签，在弹出的快捷菜单中选择【移动或复制】选项，如下图所示。

第2步 ▶ 打开【移动或复制工作表】对话框，❶在【工作簿】列表中选择"员工考核表.xlsx"；❷勾选【建立副本】复选框；❸单击【确定】按钮，如下图所示。

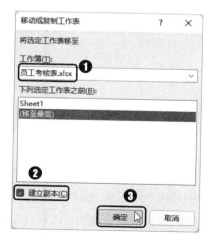

第3步 ▶ 返回"员工考核表"，即可看到"各季度缺勤记录"工作表已经复制到"员工考核表"工作簿中，如下图所示。

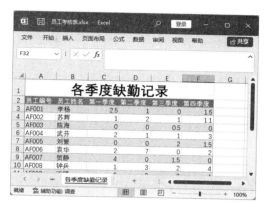

4.2.2 引用其他工作表中的单元格数据

在复制了各季度缺勤记录表后，需要按季度创建各季度的考核表。下面通过引用同一工作簿其他工作表中的单元格数据，来快速创建工作表，避免重复、烦琐的数据输入过程，具体操作方法如下。

第1步 ▶ 在Sheet1工作表标签上右击，在弹出的快捷菜单中选择【重命名】命令，如下图所示。

第2步 ▶ 工作表标签呈选中状态，直接输入工作表名称，按【Enter】键确认，如下图所示。

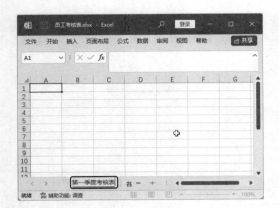

第3步 ❶在工作表中输入标题和表头等基本内容，并设置文本格式和单元格样式；❷在"第一季度考核表"工作表中选中A3单元格，输入"="符号，如下图所示。

第4步 切换到"各季度缺勤记录"工作表，选中A3单元格，如下图所示。

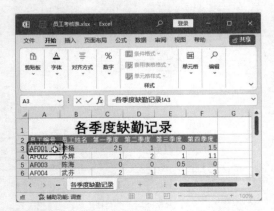

第5步 按【Enter】键，将自动返回"第一

季度考核表"工作表，并将"各季度缺勤记录"工作表A3单元格中的内容，引用到"第一季度考核表"工作表的A3单元格中，如下图所示。

第6步 选中A3单元格，将鼠标指针指向单元格右下角，当鼠标指针呈➕字形状时，按住鼠标左键不放向下拖动，到适当位置释放鼠标左键，如下图所示。

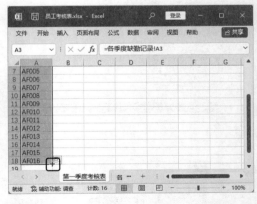

第7步 将鼠标指针指向A18单元格右下角，当鼠标指针呈➕字形状时，按住鼠标左键不放向右拖动，到适当位置释放鼠标左键，如下图所示。

第8步 在D3单元格中输入公式"=22-C3"，按【Enter】键确认，得到"出勤天数"计算结果，选中D3单元格，将鼠标指针指向单元格右下角，当鼠标指针呈➕字形状时，按住鼠标左键不放向下拖动，到适当位置释放鼠标左键，复制公式，如下图所示。

第9步 根据实际情况，输入员工"工作态度""工作能力""协作能力"项的分数，如下图所示。

第10步 在H3单元格中输入公式"=SUM(D3: G3)"，按【Enter】键确认，得到"考核成绩"计算结果，然后利用填充柄将公式复制到相应单元格中，如下图所示。

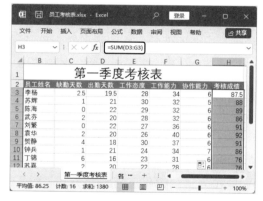

第11步 参照上述方法，创建"第二季度考核表""第三季度考核表""第四季度考核表"，如下图所示。

温馨提示

引用第二、三、四季度的缺勤天数时，需要在填充了员工姓名后，重新执行引用当季度的缺勤数据，不能直接拖动填充。

4.2.3 按一个条件排序年度考核表

在创建好各季度缺勤记录表和各季度考核表后，即可创建年度考核表。其中将根据员工各季度考核成绩的平均分和部门的年度考核分数，计算员工的年考核成绩。具体公式为"员工的年度考核成绩=员工各季度考核的平均成绩*60%+所在部门年度考核成绩*40%"。本例假设工作表中的员工属于同一部门，该部门的年度考核成绩为90分。创建年度考核表并按"排名"升序排序的具体操作方法如下。

第1步 新建工作表，并将其重命名为"年度考核表"，如下图所示。

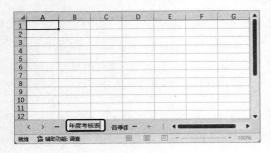

第2步 在工作表中输入标题和表头等基本内容，并设置文本样式和单元格样式，如下图所示。

第3步 参照在"第一季度考核表"中引用"各季度缺勤记录"数据的方法，通过单元格引用和填充柄，将"员工编号""员工姓名"和各季度考核成绩的数据引用到年度考核表中，如下图所示。

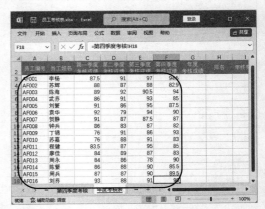

第4步 在G3单元格输入公式"=AVERAGE (C3:F3)*60%+90*40%"，按【Enter】键确认，得到年度考核成绩计算结果，然后利用填充柄将公式复制到相应单元格中，如下图所示。

第5步 ▶ 在H3单元格输入公式"=RANK.EQ(G3, $G$3:$G$18,0)", 按【Enter】键确认, 得到考核排名计算结果, 然后利用填充柄将公式复制到相应单元格中即可, 如下图所示。

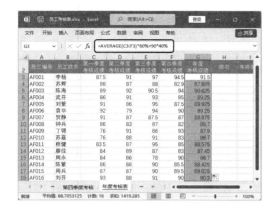

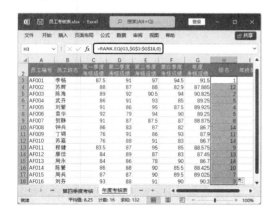

第6步 ▶ 在B20:C24单元格区域中, 创建排名和年终奖金的辅助参照区, 如下图所示。

第7步 ▶ 在I3单元格输入公式"=LOOKUP(H3,$B$21:$B$24,$C$21:$C$24)", 按【Enter】键确认, 得到年终奖金计算结果, 然后利用填充柄将公式复制到相应单元格中, 如下图所示。

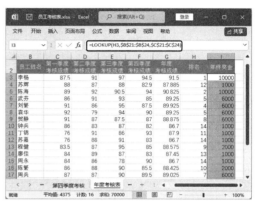

第8步 ▶ ❶选中I3:I18单元格区域; ❷单击【开始】选项卡【数字】组中的【会计数字格式】⌷⌷ ▾下拉按钮; ❸在打开的下拉菜单中选择【¥中文(中国)】选项, 如下图所示。

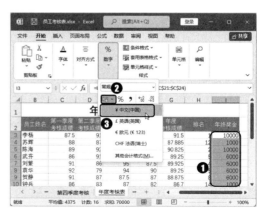

第9步 ▶ 返回工作表, 即可看到设置货币数字格式之后的效果, 如下图所示。

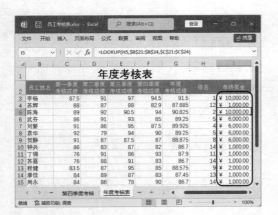

第10步● ❶选中【排名】列中任意数据所在单元格；❷单击【数据】选项卡【排序和筛选】组中的【升序】按钮，如下图所示。

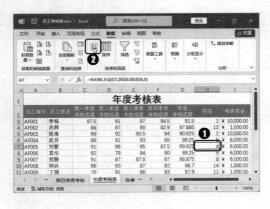

第11步● 操作完成后，可以看到表格中的数据按照【排名】升序排序后的效果，如下图所示。

教您一招：降序排列

单击【数据】选项卡【排序和筛选】组中的【降序】按钮，数据将按降序排序。

4.3 制作《员工薪资管理系统》

员工的薪酬一般是根据员工所在职位、生产绩效及福利等方面发放的，通过规范的员工工资标准，可以使员工薪酬发放更加清楚和公正。

本例将制作员工薪资管理系统，首先输入员工的基本信息，然后使用公式和函数引用数据，并计算出最终薪资，最后将数据按多条件排序。实例最终效果见"结果文件\第4章\员工薪资管理系统.xlsx"文件。

年度考核表									
员工编号	员工姓名	第一季度考核成绩	第二季度考核成绩	第三季度考核成绩	第四季度考核成绩	年度考核成绩	排名		年终奖金
AF001	李杨	87.5	91	97	94.5	91.5	1	¥	10,000.00
AF003	陈海	89	92	90.5	94	90.825	2	¥	10,000.00
AF016	刘乔	93	88	91	90	90.3	3	¥	10,000.00
AF005	刘繁	91	86	95	87.5	89.925	4	¥	6,000.00
AF004	武苏	86	91	93	85	89.25	5	¥	6,000.00
AF006	袁华	92	79	94	90	89.25	5	¥	6,000.00
AF015	周兵	87	87	90	89.5	89.025	7	¥	6,000.00
AF007	贺静	91	87	87.5	87	88.875	8	¥	6,000.00
AF011	程健	83.5	87	95	85	88.575	9	¥	2,000.00
AF014	陈繁	86	88	90	85.5	88.425	10	¥	2,000.00
AF009	丁锦	76	91	86	93	87.9	11	¥	1,000.00
AF002	苏辉	88	87	88	82.9	87.885	12	¥	1,000.00
AF012	廖佳	84	89	87	83	87.45	13	¥	1,000.00
AF008	钟兵	86	83	87	82	86.7	14	¥	1,000.00
AF010	苏嘉	76	88	91	83	86.7	14	¥	1,000.00
AF013	周永	84	86	78	90	86.7	14	¥	1,000.00

4.3.1 输入特殊数据

在本例中，整个员工薪资管理系统由月员工出勤统计表、月员工业绩表和月员工薪资管理表组成，并以月员工出勤统计表为基础。下面先输入月员工出勤统计表的基本内容，操作方法如下。

第1步 ▶ 打开"素材文件\第4章\员工薪资管理系统.xlsx"，❶在"6月员工出勤统计表"工作表中选择A3:A18单元格区域；❷单击【开始】选项卡【数字】组中的【数字格式】按钮 ⅃，如下图所示。

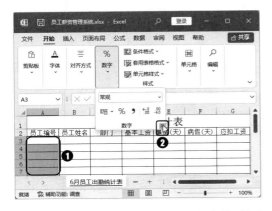

第2步 ▶ 打开【设置单元格格式】对话框，❶在【分类】列表框中选择【自定义】选项；❷在【类型】文本框中输入

""LYG2023"000"（""LYG2023""为固定编号内容）；❸单击【确定】按钮，如下图所示。

第3步 ▶ 返回工作表，在A3单元格中输入编号"1"，如下图所示。

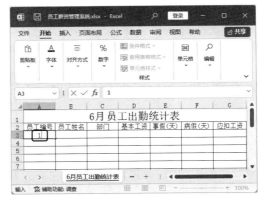

第4步 ▶ 按【Enter】键确认输入，可以看到编号自动录入为"LYG2023001"，使用相同的方法录入其他编号数据，或将A3单元格中的数据填充到下方的单元格中，如下图所示。

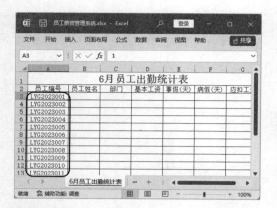

第5步 ▶ 根据需要，在工作表中输入其他数据内容，如下图所示。

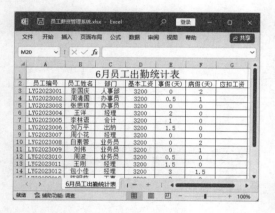

4.3.2 使用公式和函数计算数据

利用公式和函数，可以快速完成月员工出勤统计表、月员工业绩表和月员工薪资管理表的制作，具体操作方法如下。

1. 计算出勤记录

出勤记录作为工资的核算依据，需要在计算出勤情况后计算出应扣工资选项，具体操作方法如下。

第1步 ▶ 在"6月员工出勤统计表"工作

表的G3单元格中输入公式"=(D3/30)*E3+(D3/30)*0.25* F3"，按【Enter】键确认，然后将公式填充到下方的单元格中，如下图所示。

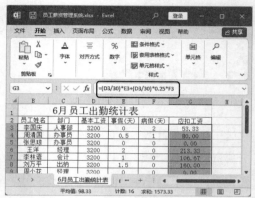

第2步 ▶ ❶选择G3:G18单元格区域；❷单击【开始】选项卡【数字】组中的【会计数字格式】下拉按钮，❸在弹出的下拉菜单中选择【¥中文（中国）】选项，如下图所示。

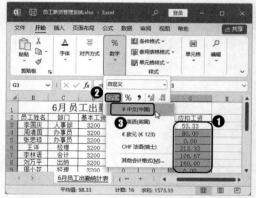

第3步 ▶ 保持单元格区域的选中状态，单击两次【开始】选项卡【数字】组中的【减少小数位数】按钮，如下图所示。

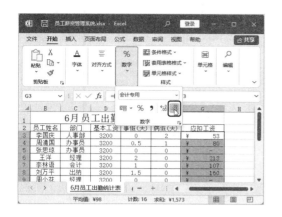

2. 计算销售业绩

公司的业绩奖金由销售额来决定，通常会根据销售额来确定提成比例，接下来开始计算员工的销售业绩，具体操作方法如下。

第1步 ▶ 切换到"6月员工业绩表"工作表，其中已经创建了表格基本框架，按照输入特殊数据的方法，在【员工编号】列中输入员工编号，如下图所示。

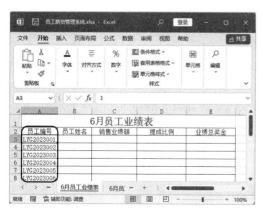

第2步 ▶ 在B3单元格中输入公式"=VLOOKUP (A3,'6月员工出勤统计表'!$A$3: $B$18,2,0)"，按【Enter】键确认，然

后利用填充柄将公式复制到相应单元格中，快速填充与员工编号对应的员工姓名数据，如下图所示。

第3步 ▶ ❶在C3:C18单元格区域输入每个员工的销售额，并选中C3:C18和E3:E18单元格区域；❷在【开始】选项卡的【数字】组中单击【会计数字格式】下拉按钮 ⌷ ﹀；❸在打开的下拉菜单中，单击【¥中文（中国）】选项，将该区域数据设置为货币格式，如下图所示。

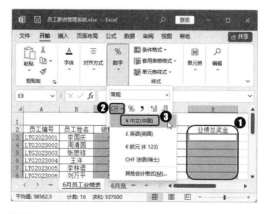

第4步 ▶ 在工作表的A21:E23单元格区域中，可以看到已经输入了员工的提成参照

比例，用户可按实际情况自行设置，如下图所示。

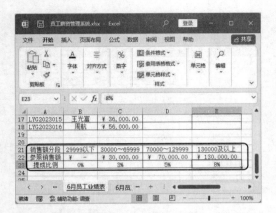

第5步 在D3单元格中输入公式"=HLOOKUP(C3,$B$22:$E$23,2)"，按【Enter】键确认，然后利用填充柄将公式复制到相应单元格中，得到员工提成比例数据，如下图所示。

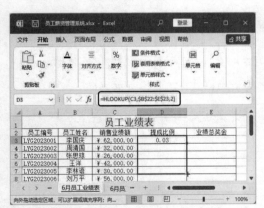

第6步 ❶选中D3:D18单元格区域；❷在【开始】选项卡的【数字】组中单击【百分比样式】按钮%，设置数字格式为百分比样式，如下图所示。

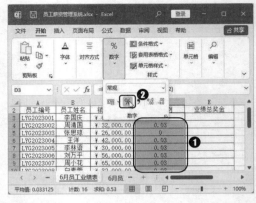

第7步 在E3单元格中输入公式"=C3*D3"，按【Enter】键确认，然后利用填充柄将公式复制到相应单元格中，得到6月员工业绩总奖金数据，如下图所示。

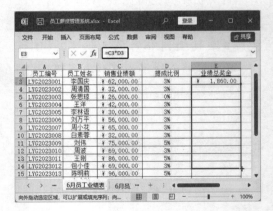

3. 计算员工福利

员工福利根据所属部门不同，福利也有所区别，在计算员工薪酬之前，先要将福利标准录入工作表中，具体操作方法如下。

第1步 ❶切换到"6月员工福利表"工作表，其已经创建了表格基本框架，按照输入特殊数据的方法，在"员工编号"列中输入员工编号；❷在B3单元格中输入公式"=VLOOKUP(A3,'6月员工出勤统计表'!\$A\$3:\$B\$18,2,0)",按【Enter】键确认，然后利用填充柄将公式复制到相应单元格中，快速填充与员工编号对应的员工姓名数据，如下图所示。

第2步 在C3单元格中输入公式"=VLOOKUP(A3,'6月员工出勤统计表'!\$A\$3:\$C\$18,3,0)"，按【Enter】键确认，然后利用填充柄将公式复制到相应单元格中，快速填充与员工编号对应的员工所属部门数据，如下图所示。

第3步 ❶在D3:E18单元格区域输入每个员工的住房补贴和劳保金额，然后选中D3:E18单元格区域；❷在【开始】选项卡的【数字】组中单击【会计数字格式】下拉按钮❚⌄；❸在打开的下拉菜单中，单击【¥中文（中国）】选项，将该区域数据设置为货币格式，如下图所示。

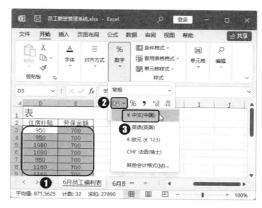

4. 计算员工薪酬

员工的薪酬是根据出勤记录、业绩、福利来计算的，下面开始计算员工薪酬，具体操作方法如下。

第1步 ❶切换到"6月员工薪资管理表"工作表，其中已经创建了表格基本框架，按照输入特殊数据的方法，在"员工编号"列中输入员工编号；❷在B5单元格中输入公式"=VLOOKUP (A5,'6月员工出勤统计表'!\$A\$3:\$B\$18,2,0)"，按【Enter】键确认，然后利用填充柄将公式复制到相应单元格中，如下图所示。

第2步 ▶ 在C5单元格中输入公式"=VLOOKUP (A5,'6月员工出勤统计表'!\$A\$3:\$C\$18,3, 0)"，按【Enter】键确认，然后利用填充柄将公式复制到相应单元格中，如下图所示。

第3步 ▶ 在D5单元格中输入公式"=VLOOKUP (A5,'6月员工出勤统计表'!\$A\$3:\$D\$18,4, 0)"，按【Enter】键确认，然后利用填充柄将公式复制到相应单元格中，如下图所示。

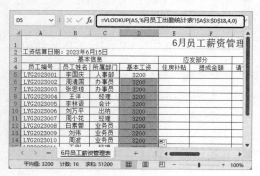

第4步 ▶ 在E5单元格中输入公式"=VLOOKUP (A5,'6月员工福利表'!\$A\$3:\$D\$18,4,0)"，按【Enter】键确认，然后利用填充柄将公式复制到相应单元格中，如下图所示。

第5步 ▶ 在F5单元格中输入公式"=VLOOKUP (A5,'6月员工业绩表'!\$A\$3:\$E\$18,5,0)"，按【Enter】键确认，然后利用填充柄将公式复制到相应单元格中，如下图所示。

第6步 ▶ 在G5单元格中输入公式"=VLOOKUP (A5,'6月员工出勤统计表'!\$A\$3:\$G\$18,7, 0)"，按【Enter】键确认，然后利用填充柄将公式复制到相应单元格中，如下图所示。

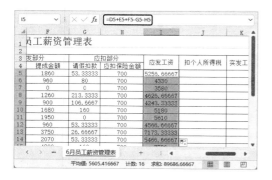

第7步 ● 在H5单元格中输入公式 "=VLOOKUP (A5,'6月员工福利表'!$A$3:$E$18,5,0)"，按【Enter】键确认，然后利用填充柄将公式复制到相应单元格中，如下图所示。

第8步 ● 在I5单元格中输入公式 "=D5+E5+F5-G5-H5"，按【Enter】键确认，然后利用填充柄将公式复制到相应单元格中，如下图所示。

第9步 ● 在J5单元格中输入公式 "=IF(I5-3500< 0,0,IF(I5-3500<1500,0.03*(I5-3500),IF(I5-3500< 4500,0.1*(I5-3500)-105,IF(I5-3500<9000, 0.2*(I5-3500)-555,IF(I5-3500<35000, 0.25*(I5-3500)-1005)))))"，按【Enter】键确认，然后利用填充柄将公式复制到相应单元格中，如下图所示。

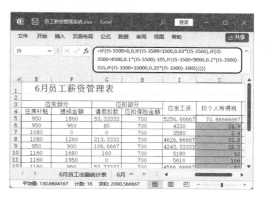

第10步 ● 在K5单元格中输入公式 "=I5-J5"，按【Enter】键确认，然后利用填充柄将公式复制到相应单元格中，如下图所示。

第11步 ● ❶选中D5:E20单元格区域；❷右击鼠标，在弹出的快捷菜单中选择【设置单元格格式】选项，如下图所示。

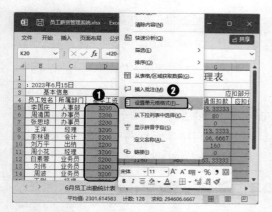

第12步▶ 打开【设置单元格格式】对话框，❶在【分类】选项卡中选择【货币】选项；❷设置【小数位数】为"0"；❸单击【确定】按钮，如下图所示。

4.3.3 按多个条件排序

在制作出员工薪资管理表后，在其中可以根据所属部门和实发工资金额对表格数据排序，操作方法如下。

第1步▶ ❶选中A5:K20单元格区域；❷单击【数据】选项卡【排序和筛选】组中的

【排序】按钮，如下图所示。

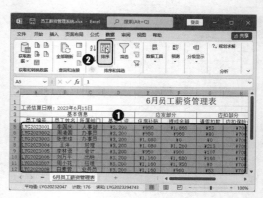

温馨提示▶

由于包含合并单元格的区域无法正确进行排序和筛选工作，因此本例选中不含有表头（合并单元格）的数据区域，来进行排序操作。

第2步▶ 打开【排序】对话框，❶因【所属部门】项在C列中，因此设置【主要关键字】为【列C】；❷根据需要设置【排序依据】为【单元格值】，【次序】为【升序】；❸单击【添加条件】按钮，如下图所示。

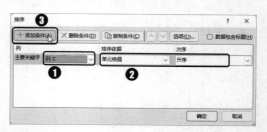

第3步▶ ❶因【实发工资】项在K列中，因此设置【次要关键字】为【列K】；❷根据需要设置【排序依据】为【单元格值】，【次序】为【升序】；❸单击【确定】按钮，如下图所示。

第4步 ▶ 返回工作表，可以看到表格数据按照设置的多个条件排序后的效果，如下图所示。

4.4 制作《员工工资统计表》

企业对员工工资进行管理是日常管理的一大组成部分。企业需要对员工每个月的具体工作情况进行记录，做到奖惩有据可依，然后将这些记录细节统计到工资表中，折算成各种奖惩金额，最终核算出员工当月的工资发放情况，并记录在工资表装存档。各个企业的工资表可能有所不同，但制作原理基本一样，其中各组成部分因公司规定而有所差异。

由于工资的最终结算金额来自多项数据，如基本工资、岗位工资、工龄工资、提成或奖金、加班工资、请假迟到扣款、个人所得税等，其中部分数据建立相应的表格来管理，然后汇总到工资表中。

本例在制作时，首先要创建与工资核算相关的各种表格并统计出需要的数据，方便后期引用到工资表中。实例最终效果见"结果文件\第4章\员工工资统计表.xlsx"文件。

4.4.1 创建员工基本工资管理表

员工工资表中总是有一些基础数据需要重复应用到其他表格中，例如，员工编号、姓名、所属部门、工龄等，而且这些数据的可变性不大。为了方便后续的各种表格，也方便统一修改某些基础数据，可以将这些数据输入基本工资管理表中，具体操作方法如下。

第1步 ▶ 打开"素材文件\第4章\员工工资统计表.xlsx"文档，在F3单元格中输入公式"=INT((NOW()-E3)/365)"，并将公式填充到下方单元格中，如下图所示。

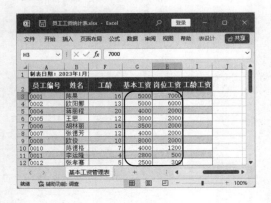

第2步 ▶ 在G列和H列中依次输入各员工的基本工资和岗位工资，如下图所示。

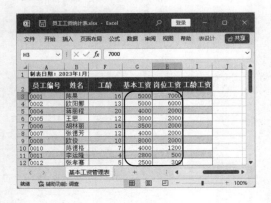

第3步 ▶ 在I2单元格中输入公式"=IF(F2<=2,0,IF(F3<5,(F3-2)*50,(F3-5)*100+150))"，并将公式填充到下方单元格中，如下图所示。

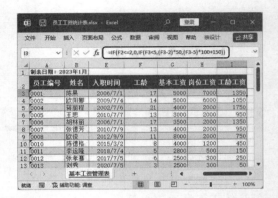

温馨提示 ●

本例中规定工龄工资的计算标准：小于2年不计工龄工资；工龄大于2年小于5年时，工龄工资按每年50元递增；工龄大于5年时，按每年100元递增。

4.4.2 创建奖惩管理表

企业销售人员的工资一般由基本工资和销售业绩提成构成，但企业规定中又有一些奖惩机制，会导致工资的部分金额增减。因此，需要建立一张工作表专门记录这些数据，具体操作方法如下。

第1步 ▶ 新建名为"奖惩管理表"的工作表，❶在第1行和第2行中输入相应的表头文字，并对相关单元格进行合并；❷在A3单元格中输入第1条奖惩记录的员工编号，如"0005"；❸在B3单元格中输入公式"=VLOOKUP(A3,基本工资管理表!$A$2:$I$39,2)"，按【Enter】键确认得到结果，如下图所示。

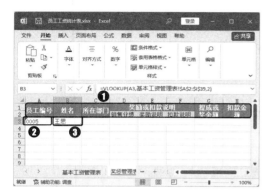

第2步 在C3单元格中输入公式"=VLOOKUP(A3,基本工资管理表!$A$2:$I$39,3)"，按【Enter】键确认，得到结果，如下图所示。

第3步 选中B3:C3单元格区域，拖动填充柄将单元格中的数据公式复制到同列的其他单元格中，如下图所示。

温馨提示◆
填充公式后，显示为"#N/A"错误，在A列输入相关员工编号后，即可显示正确数据。

第4步 ❶在A列中输入其他需要记录奖惩记录的员工编号，即可根据公式得到对应的姓名和所在部门信息；❷在D、E、F列中输入对应的奖惩说明，首先在D列中输入销售部的销售业绩额，如下图所示。

第5步 在G3单元格中输入公式"=IF(D3<1000000,0,IF(D3<1300000,1000,D3*0.001))"，并将公式填充到下方单元格中，如下图所示。

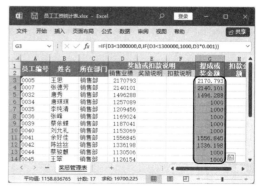

107

温馨提示 ●

　　本例中规定销售提成计算方法：销售业绩不满100万元的，无提成奖金；超过100万元低于130万元的，提成为1000元；超过130万元的，按销售业绩的0.1%计提成。

第6步 ❶选中 G3:G24 单元格区域；❷单击两次【开始】选项卡中的【减少小数位数】按钮 ，使该列数字显示为整数，如下图所示。

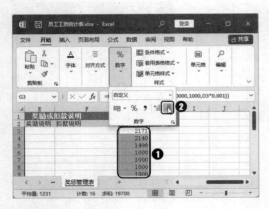

第7步 继续在表格中记录其他的奖惩记录（实际工作中可能会先零散地记录各处奖惩，最后再统计销售提成数据），完成后效果如下图所示。

4.4.3 创建考勤统计表

　　企业对员工工作时间的考核主要记录在考勤表中，计算员工工资时，需要根据公司规章制度将考勤情况转化为相应的金额奖惩。例如，对迟到进行扣款，对全勤进行奖励等。本例考勤记录已经事先准备好，只需要进行数据统计即可，具体操作方法如下。

第1步 打开"素材文件\第4章\12月考勤表.xlsx"文件，❶右击"12月考勤"工作表标签；❷在弹出的快捷菜单中选择【移动或复制】命令，如下图所示。

第2步 打开【移动或复制工作表】对话框，❶在【工作簿】下拉列表中选择【员工工资统计表】选项；❷在【下列选定工作表之前】列表框中选择【移至最后】选项；❸勾选【建立副本】复选框；❹单击【确定】按钮，如下图所示。

第3步 ▶ 因为本例后面会单独创建一个加班统计表，所以此处需要删除周六和周日列的数据。依次选中周六和周日列的数据，按【Delete】键将其删除，如下图所示。

> **温馨提示●**
> 本例中规定：事假扣款为120元/天；旷工扣款为240元/天；病假领取最低工资标准的80%，折算为病假日领取低于正常工资50元/天。

第5步 ▶ 在AY6单元格中输入公式"=AQ6*10+ AR6*50+AS6*100"，如下图所示。

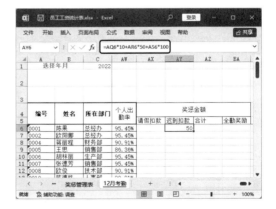

第4步 ▶ 在 AX 至 BA 列单元格中输入奖金统计的相关表头内容，并对相应的单元格区域设置边框效果。完成后在 AX6 单元格中输入公式"=AN6*120+AO6*50+AP6*240"，如下图所示。

> **温馨提示●**
> 本例中规定：迟到10分钟内扣款10元/次；迟到半个小时内扣款50元/次；迟到1个小时内扣款100元/次。

第6步 在AZ单元格中输入公式"=AX6+AY6"，计算出请假和迟到的总扣款，如下图所示。

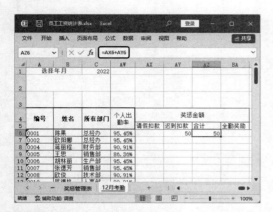

第7步 本例中规定当月全部出勤，且无迟到、早退等情况，即视为全勤，给予200元的奖励。在BA6单元格中输入公式"=IF(SUM(AN6:AS6)= 0,200,0)"，可判断出该员工是否全勤，如下图所示。

第8步 选中AX6:BA6单元格区域，拖动填充柄，将这几个单元格中的公式复制到同列中的其他单元格中，如下图所示。

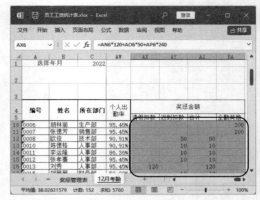

4.4.4 创建加班统计表

加班情况可能出现在任何部门的员工中，因此需要像记录考勤一样对当日的加班情况进行记录，方便后期计算加班工资。本例中已经记录了当月的加班情况，只需要对加班工资进行统计即可，具体操作方法如下。

第1步 打开"素材文件\第4章\加班记录表.xlsx"文件，❶右击"12月加班统计表"工作表标签；❷在弹出的快捷菜单中选择【移动或复制】命令，如下图所示。

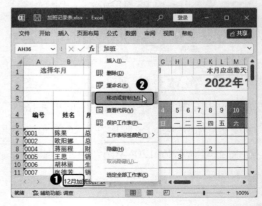

第2步 ▶ 打开【移动或复制工作表】对话框，❶在【工作簿】下拉列表中选择【员工工资统计表】选项；❷在【下列选定工作表之前】列表框中选择【移至最后】选项；❸勾选【建立副本】复选框；❹单击【确定】按钮，如下图所示。

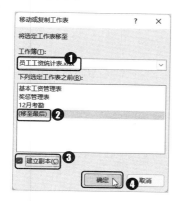

第3步 ▶ ❶在AM至AQ列单元格中输入加班工资统计的相关表头内容（注意：素材文件中的隐藏列AL4:AL15是设置数据验证时的数据源，不可删除），并对相应的单元格区域设置合适的边框效果；❷在AM6单元格中输入公式"=SUM(D6:AH6)"，可统计出该员工当月的加班总时长，如下图所示。

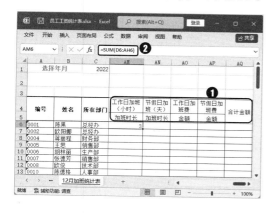

　　本例的素材文件中只对周末加班天数进行了记录。用户在进行日常统计时，可以在加班统计表中记录法定节假日或特殊情况等的加班，只需让这类型的加班区别于工作日的加班记录即可。例如，本例中工作日的记录用数字进行加班时间统计，节假日的加班则用文本"加班"进行标识。

第4步 ▶ 在AN6单元格中输入公式"=COUNTIF(D6:AH6,"加班")"，即可统计出该员工当月的节假日加班天数，如下图所示。

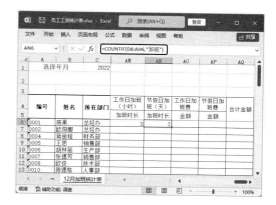

第5步 ▶ 本例中规定工作加班按每小时30元进行补贴，所以在AO6单元格中输入公式"=AM6*30"，如下图所示。

第6步 ▶ 本例中规定节假日的加班按员工当天基本工资与岗位工资之和的两倍

进行补贴，所以在 AP6 单元格中输入公式 "=ROUND((VLOOKUP (A6,基本工资管理表!\$A\$2:\$I\$86,7)+ VLOOKUP(A6,基本工资管理表!\$A\$2:\$I\$86, 8))/\$P\$1*AN6* 2,2)"，如下图所示。

第7步 ▶ 在 AQ6 单元格中输入公式 "=AO6+AP6"，即可计算出该员工的加班工资总额，如下图所示。

第8步 ▶ ❶选择 AO6:AQ6 单元格区域；❷单击两次【开始】选项卡中的【减少小数位数】按钮，使该列数字显示为整数，如下图所示。

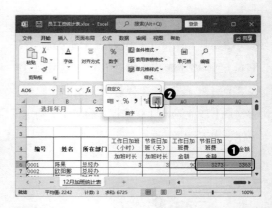

第9步 ▶ 选择 AM6:AQ6 单元格区域，拖动填充柄，将公式复制到同列中的其他单元格即可，如下图所示。

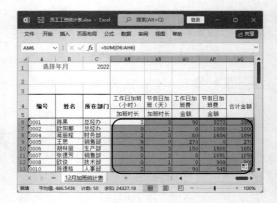

4.4.5 编制工资计算表

将工资核算需要用到的周边表格数据准备好之后，就可以建立工资管理系统中最重要的一张表格——工资计算表。制作工资计算表时，需要引用周边表格中的数据，并进行统计计算，具体操作方法如下。

第1步 ▶ 新建一个工作簿，并命名为"员工工资统计表"，❶在第1行的单元格中输入表头内容；❷在 A2 单元格中输入"="；

❸单击"基本工资管理表"工作表标签，如下图所示。

第2步▶ 切换到"基本工资管理表"工作表，选择A3单元格，然后按【Enter】键，如下图所示。

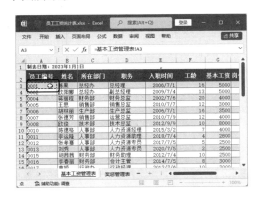

第3步▶ 将该单元格引用到"员工工资统计表"中，然后将A2单元格中的公式引用到B2、C2单元格中，如下图所示。

第4步▶ 选中A2:C2单元格区域，使用填充柄向下填充公式，如下图所示。

温馨提示▶

工资统计表制作完成后，每个月都可以重复使用。为了后期能够快速使用，一般企业都会制作一个"×月工资表"工作簿，调入的工作表数据是当月的一些周边表格数据，这些工作表名称是相同的，如"加班表""考勤表"。这样，当需要计算工资时，将上个月的工作簿复制过来，再将各表格中的数据修改为当月数据即可，而工资统计表中的公式不用修改。

第5步▶ 使用相同的方法，将"基本工资管理表"中的基本工资、岗位工资和工龄工资引用到"员工工资统计表"中，如下图所示。

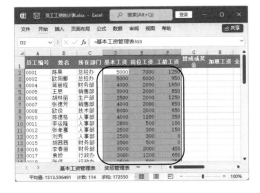

第6步▶ 在G2单元格中输入公式"=IF (ISERROR (VLOOKUP(A2,奖惩管理表!

$A$3:$H$24,7, FALSE)),"",VLOOKUP(A2,奖惩管理表!$A$3:$H 24,7,FALSE))"，并填充到下方的单元格区域，即可计算出员工当月的提成或奖金，如下图所示。

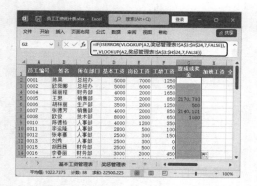

> **温馨提示●**
>
> 本步骤中的公式采用VLOOKUP函数返回"奖惩管理表"工作表中统计出的提成或奖金，为防止某些员工工资因为没有涉及提成或奖金而返回错误值，所以套用了ISERROR函数，对结果是否为错误值先进行判断，再通过IF函数让错误值显示为空。

第7步● 在H2单元格中输入公式"=VLOOKUP (A2,'12月加班统计表'!$A$1:$AQ$39,43)"，并填充到下方的单元格区域，即可计算出员工当月的加班工资，如下图所示。

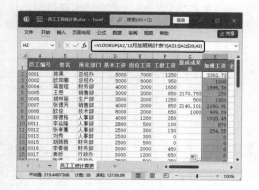

第8步● 在I2单元格中输入公式"=VLOOKUP (A2,'12月考勤'!$A$6:$BA$43,53)"，并填充到下方的单元格区域，即可计算出员工当月是否获得全勤奖，如下图所示。

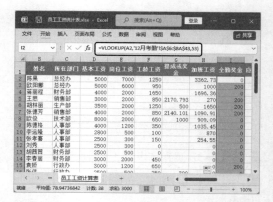

第9步● 在J2单元格中输入公式"=SUM (D2: I2)"，并填充到下方的单元格区域，即可计算出员工当月的应发工资总和，如下图所示。

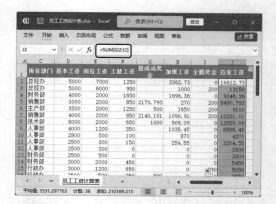

第10步● 在K2单元格中输入公式"=VLOOKUP (A2,'12月考勤'!$A$6:$AZ$43,52)"，并填充到下方的单元格区域，即可返回员工当月的请假迟到扣款金额，如下图所示。

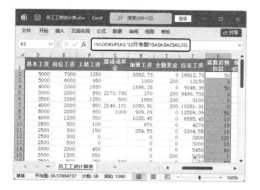

第11步● 在L2单元格中输入公式"=(J2-K2)* (0.08+0.02+0.005+0.08)",并填充到下方的单元格区域,即可计算出员工当月需要缴纳的保险或公积金金额,如下图所示。

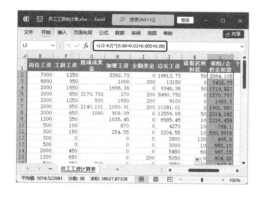

第12步● 在M2单元格中输入公式"=MAX((J2-SUM(K2:L2)-5000)*{3,10,20,25,

30,35,45}%-{0,210,1410,2660,4410,7160,15160},0)",并填充到下方的单元格区域,即可计算出员工根据当月工资应缴纳的个人所得税金额,如下图所示。

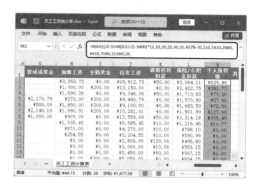

级数	全月应纳税所得额	税率(%)	速算扣除数
1	不超过3000元的	3	0
2	超过3000元至12000元的部分	10	210
3	超过12000元至25000元的部分	20	1410
4	超过25000元至35000元的部分	25	2660
5	超过35000元至55000元的部分	30	4410
6	超过55000元至80000元的部分	35	7160
7	超过80000元的部分	45	15160

本表含税级数中应纳税所得额，是指每月收入金额-各项社会保险金（五险一金）-起征点5000元。使用超额累进税率的计算方法如下。

应纳税额=全月应纳税所得额×税率-速算扣除数全月应纳税所得额=应发工资-四金-5000

公式"=MAX((J2-SUM(K2:L2)-5000)*{3,10,20,25,30,35,45}%-{0,210,1410,2660,4410,7160,15160},0)"，表示计算的数值是（L3-SI,(M3:P3)）后的值与相应税级百分数（3%、10%、20%、25%、30%、35%、45%）的乘积减去税率所在级距的速算扣除数0、210、1410等所得到的最大值。

第13步 在N2单元格中输入公式"=IF(ISERROR(VLOOKUP(A2,奖惩管理表!$A$3:$H$24,8,FALSE)),"",VLOOKUP(A2,奖惩管理表!$A$3:$H$24,8, FALSE))"，并填充到下方的单元格区域，计算出员工根据当月是否还有其他扣款金额，如下图所示。

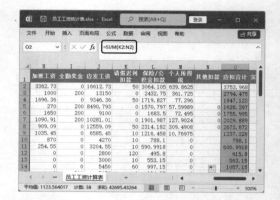

温馨提示
本步骤中的公式采用的是VLOOKUP函数返回"奖惩管理表"工作表中统计出的各种

扣款金额，同样，为了防止某些员工工资因为没有涉及扣款项而返回错误值，所以套用了ISERROR函数对结果是否为错误值先进行判断，再通过IF函数让错误值均显示为空。

第14步 在O2单元格中输入公式"=SUM(K2: N2)"，并填充到下方的单元格区域，即可计算出员工当月需要扣除金额的总和，如下图所示。

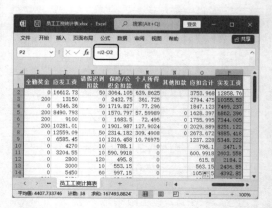

第15步 在P2单元格中输入公式"=J2-O2"，并填充到下方的单元格区域，即可计算出员工当月的实发工资金额，如下图所示。

第16步 ❶选择D2:P39单元格区域，然后右击；❷在弹出的快捷菜单中选择【设置单元格格式】选项，如下图所示。

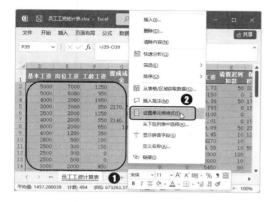

第17步▶ 打开【设置单元格格式】对话框，❶在【数字】选项卡的【分类】列表框中选择【货币】选项；❷在【小数位数】微调框中输入"2"；❸单击【确定】按钮，如下图所示。

第18步▶ ❶选择D2单元格；❷单击【开始】选项卡中的【冻结窗格】下拉按钮；❸在弹出的下拉菜单中选择冻结至第1行C列选项，如下图所示。

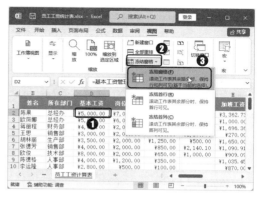

4.4.6 打印工资条

在发放工资时通常需要同时发放工资条，使员工能清楚地看到自己各部分工资的金额。本例将利用已完成的工资表，快速为每个员工制作工资条，具体操作方法如下。

第1步▶ 新建一张工作表，命名为"工资条"，切换到"员工工资计算表"，❶选中第1行单元格区域；❷单击【开始】选项卡中的【复制】按钮，如下图所示。

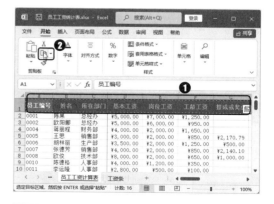

第2步▶ ❶将复制的单元格区域粘贴到"工资条"工作表的A1单元格；❷在A2单

元格中输入公式"=OFFSET(员工工资计算表!\$A\$1,ROW()/ 3+1,COLUMN()-1)"，如下图所示。

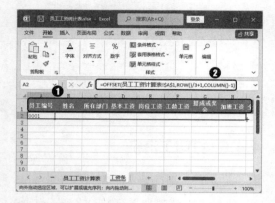

为了快速制作出每一位员工的工资条，可在当前工资条基本结构中添加公式，并运用单元格和公式的填充功能，快速制作工资条。

制作工资条的基本思路：应用公式，根据公式所在位置引用"员工工资统计表"工作表中不同单元格中的数据；在工资条中这条数据前需要有标题行，且不同员工的工资条之间需要间隔一行，故公式再向下填充时要相隔3个单元格，所以不能通过直接引用和相对引用的方式来引用单元格，可以使用表格中的OFFSET函数对引用单元格地址进行偏移引用。

第3步 ● ❶选择A1:P2单元格区域；❷单击【开始】选项卡【字体】组中的【边框】下拉按钮⊞ ；❸在弹出的下拉菜单中选择【所有框线】命令，如下图所示。

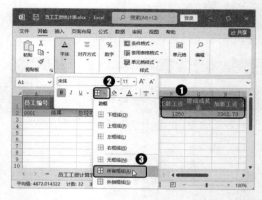

本例各工资条中的各单元格内引用的地址将随公式所在单元格地址的变化而发生变化。将OFFSET函数的Reference参数设置为"员工工资统计表"工作表中的A1单元格，并将单元格引用地址转换为绝对引用；Rows参数设置为公式当前行数除以3后再加1；Cols参数设置为公式当前行数减1。

第4步 ● 选中A1:P3单元格区域，即工资条的基本结构加一行空单元格，如下图所示。

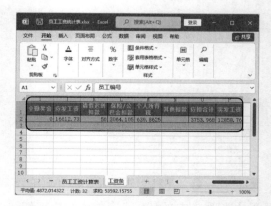

第5步 ● 拖动单元格区域右下角的填充控制柄，向下填充至有工资数据的行，即可生成所有员工的工资条，如下图所示。

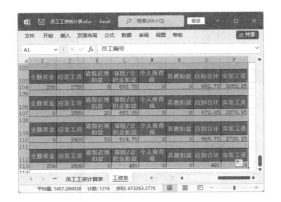

第6步 ❶单击【页面布局】选项卡中的【纸张方向】下拉按钮；❷在弹出的下拉菜单中选择【横向】命令，如下图所示。

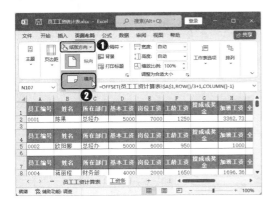

第7步 ❶单击【页面布局】选项卡【页面设置】组中的【页边距】下拉按钮；❷在

弹出的下拉菜单中选择【窄】选项，如下图所示。

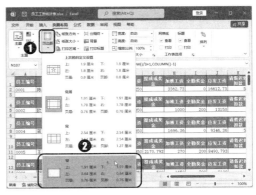

第8步 ❶在【文件】选项卡中单击【打印】选项；❷在右侧可以看到工作表的预览效果，如果预览无误，单击【打印】按钮即可打印工资条，如下图所示。

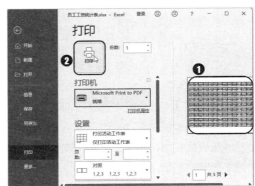

ChatGPT 答疑与点拨

通过前面知识的学习，相信读者朋友已经掌握了员工考核与薪酬管理文档的制作方法，如复制工作表、引用单元格、排序工作表、使用公式和函数等。下面结合本章内容，让ChatGPT给读者介绍一些工作中常用的小技巧，让你在员工管理工作中更加轻松。

01 更改新建工作簿时默认的工作表个数

新建工作簿时，其中默认包含了1个工作表，如果想要更改新建工作簿时默认的工作表个数，可以在ChatGPT中进行提问，获取建议。

> **提问：** 如何更改新建工作簿时默认的工作表个数？

ChatGPT：

默认情况下，Excel中新建的工作簿包含3个工作表，但你可以更改这个设置，使其为新建工作簿包含的工作表数目自定义一个默认值。下面是更改默认值的步骤。

1. 打开Excel，并单击【文件】菜单。

2. 单击【选项】按钮。

3. 单击【常规】选项卡。

4. 在【新建工作簿时】下，找到【包含的工作表数】选项。

5. 更改默认值为你想要的工作表数目，然后单击【确定】按钮。

从现在开始，新建工作簿时将包含你所指定数量的工作表。

通过以上方法，如果我们要将默认的工作表个数更改为"3"，具体操作方法如下。

第1步 ❶在【文件】选项卡中单击【更多】选项；❷在弹出的子菜单中单击【选项】命令，如下图所示。

第2步 打开【Excel选项】对话框，❶在【常规】选项卡的【新建工作簿时】栏中修改【包含的工作表数】右侧文本框中的数值，如"3"；❷单击【确定】按钮，即可将新建工作簿时默认工作表个数更改为3个，如下图所示。

02 自定义排序数据

在对工作表数据进行排序时，如果希望按照指定的字段序列进行排序，可以询问ChatGPT进行自定义序列排序的操作步骤。

> **提问：** 如何将数据自定义排序？

ChatGPT：

在Excel中，你可以将数据自定义排序，以按照你需要的顺序排列数据。以下是按照步骤进行数据自定义排序的方法。

1. 选中需要排序的数据区域。

2. 在【开始】选项卡中，单击【排序和筛选】下拉菜单中的【排序】按钮，打开【排序】对话框。

3. 在【排序】对话框中，选择需要排序的列，并选择排序方式为【自定义序列】。

4. 在【自定义序列】对话框中，单击【添加】按钮，添加需要排序的内容和对应的排序顺序。

5. 单击【确定】按钮，关闭【自定义序列】对话框。

6. 在【排序】对话框中，单击【确定】按钮，完成排序。

注意：如果需要对多列数据进行排序，可以在自定义排序对话框中添加多个排序级别，按照优先级从高到低进行排序。

根据ChatGPT提供的方法，如果要将"员工信息登记表.xlsx"的工作表数据按照自定义序列进行排序，具体操作方法如下。

第1步 ▶ 打开"素材文件\第4章\员工信息登记表.xlsx"文件，❶选中数据区域中的任意单元格；❷单击【数据】选项卡【排序和筛选】组中的【排序】命令，如下图所示。

第2步 ▶ 打开【排序】对话框，❶在【主要关键字】下拉列表中选择排序关键字；❷在【次序】下拉列表中单击【自定义序列】选项，如下图所示。

第3步 ▶ 弹出【自定义序列】对话框，❶在【输入序列】文本框中输入排序序列；❷单击【添加】按钮，将其添加到【自定义序列】列表框中；❸单击【确定】按钮，如下图所示。

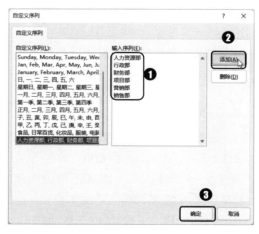

第4步 ▶ 返回【排序】对话框，单击【确定】按钮，在工作表中即可查看排序后的效果，如下图所示。

03 让粘贴数据随源数据自动更新

在对数据进行复制与粘贴操作时，如果源数据更新，是否也能让粘贴数据随之自动更新？来看看ChatGPT是怎么解决这个问题的。

> 🔟 **提问：** 怎么让粘贴数据随源数据自动更新？

⑥ChatGPT：

如果你想要粘贴的数据与现有数据在同一工作表中，则可以使用"数据有效性"功能来创建一个数据范围，从而使所粘贴的数据随源数据自动更新，具体步骤如下。

1. 选中想要粘贴数据的单元格范围。

2. 在【数据】选项卡中，单击【数据验证】。

3. 在【设置】选项卡下，选择【列表】选项，然后在【来源】框中输入数据的范围，如【$A$1: $A$10】。

4. 在【输入提示】选项卡下，输入一个

描述性的标题，如"选择数据"。

5. 在【错误提示】选项卡下，输入一个错误消息和一个警告消息。

6. 单击【确定】按钮。

现在，你可以将新数据粘贴到原始数据范围中，而且只要它们位于数据有效性列表中，它们就会自动更新。如果要粘贴到其他位置，需要复制数据有效性设置并将其粘贴到新的单元格范围中。

如果 ChatGPT 给出的答案不太理想，也可以随之提出第二个问题。

> 🔟 **提问：** 使用剪贴板中的功能来实现。

⑥ChatGPT：

使用剪贴板中的功能可以实现将粘贴的数据随源数据自动更新的效果，具体操作如下。

1. 将数据复制到剪贴板中。

2. 在 Excel 中选择要粘贴到的单元格。

3. 在【开始】选项卡中的【剪贴板】组中，单击【粘贴】按钮的下拉按钮，选择【粘贴链接】。

现在如果要更改源数据，则粘贴的数据也会自动更新。

需要注意的是，如果将源数据复制到新工作簿中，那么链接功能将不再起作用，因为链接只能在同一工作簿中使用。

那么，就用第二个方法，来试一下是否可以实现粘贴数据随源数据自动更新，具体操作方法如下。

第1步▶ 打开"素材文件\第4章\6月9日

销售清单.xlsx"文件，❶选中要复制的单元格或单元格区域，本例中选择C22单元格；❷单击【开始】选项卡【剪贴板】组中的【复制】按钮，如下图所示。

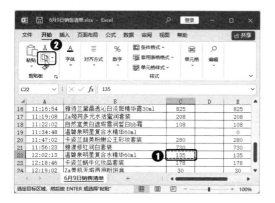

第2步 ❶选中要粘贴数据的单元格或单元格区域，本例中选择C19单元格；❷在【开始】选项卡的【剪贴板】组中单击【粘贴】下拉按钮；❸在弹出的下拉列表中单击【粘贴链接】选项即可，如下图所示。

第3步 粘贴完成后，当修改C22单元格中的数据时，C19单元格中的数据也会自动更新，如下图所示。

Excel

第 5 章

登记与行程安排管理

本章导读

登记与行程安排决定着每一项工作是否能按时完成，是文秘与行政工作中提升工作效率的重要环节。本章将通过ChatGPT让读者了解登记与行程安排管理的基础知识，再通过Excel制作《行程安排表》《办公来电记录表》和《日程检查表》，对登记与行程工作进行科学的管理，避免遗漏。

知识要点

- 设置单元格样式
- 插入超链接
- 保护工作簿

- 添加批注
- 插入窗体控件
- 打印表格

5.1 使用 ChatGPT 了解登记与行程安排管理

在现代社会，登记与行程安排管理已成为人们日常生活和工作中不可或缺的重要管理方式。通过登记与行程安排管理，可以有效地提高工作与生活的效率和质量，减少遗漏和失误的发生，确保时间和资源的充分利用，同时也有利于提高个人和团队的工作能力与协作能力。如果你对此还不了解，那么通过 ChatGPT，可以让你了解登记与行程安排管理的重要性。

5.1.1 了解前台来访登记事项

前台来访登记是一个非常重要的管理事项，它涉及公司或组织的安全和运作。来访者的身份信息和来访目的的记录不仅有助于保护公司或组织的机密信息与资产，还有助于维护组织内部秩序和有效的沟通。因此，建立一个有效的前台来访登记流程是至关重要的。

那么，当前台有来访时，需要登记的项目有哪些呢？可以让 ChatGPT 来为我们罗列出常见的各项内容，再根据实际情况进行选择。

💬 **提问：** 前台来访需要登记哪些事项？

🌀 **ChatGPT：**

前台来访需要登记以下事项。

1. 姓名：来访者的姓名，确保准确记录。

2. 时间：来访者到达的时间，以便跟踪他们在建筑物内的停留时间。

3. 公司/组织：如果来访者代表某个公司或组织，记录公司或组织的名称。

4. 来访事由：来访者来访的原因，例如，会议、交付文件、面试等。

5. 被访者：来访者要见的人员的姓名和部门，以便前台工作人员通知被访者。

6. 联系方式：来访者的电话号码和电子邮件地址，以便前台工作人员在需要时与来访者联系。

7. 身份证件：来访者的身份证件（如身份证、护照等）的复印件或照片，以便确认来访者的身份并提供安全保障。

8. 签名：来访者应在访客登记表上签名，以表示他们已同意遵守公司的访客政策和安全规定。

这些登记事项有助于确保建筑物的安全和安保，并帮助管理人员跟踪访客和工作人员的活动。

ChatGPT 给出的事项有很多，但每个公司的情况又有所不同，所以在实际应用时，可以从中选择适合的事项来制作表格。

5.1.2 办公室来信、来电登记的注意事项

办公室来信、来电登记，对于保持企业形象和维护良好的客户关系至关重要。所以，在此之前，可以先通过 ChatGPT 来了解一些注意事项，避免遗漏。

🔟 **提问：** 办公室来信、来电登记的注意事项有哪些？

⑤ChatGPT：

在办公室处理来信、来电时，需要注意以下事项。

来信登记：

1. 记录日期和时间：准确记录信件收到的日期和时间。

2. 收件人姓名：如果信件是寄给特定的个人，请记录他们的姓名和职务。

3. 来信人姓名和地址：确保记录来信人的姓名和地址，以便将来进行回复或联系。

4. 来信主题：记录信件的主题或内容。

5. 收到的物品：如果信件中包含其他物品，请记录这些物品的描述和数量。

6. 备注：如果有其他需要记录的信息，请在备注中添加。

来电登记：

1. 记录日期和时间：准确记录电话的日期和时间。

2. 来电者姓名：记录来电者的姓名，以便能够正确称呼他们。

3. 来电者联系方式：记录来电者的联系方式，以便将来进行回复或联系。

4. 来电主题：记录来电的主题或内容。

5. 联系人：如果来电者要与特定的个人联系，请记录他们的姓名和职务。

6. 备注：如果有其他需要记录的信息，请在备注中添加。

在处理来信和来电时，应当尽量保持礼貌和专业。对于一些重要的来信或来电，要及时回复并跟进进展情况。同时，要注意保护来信和来电的机密性，并确保它们存储在安全的地方。

由以上的回答可见，在处理来信和来电时，除了对外的礼仪之外，还要做好来电来信的归档和统计工作，及时整理和汇总相关信息，以便后续的管理和分析。

5.1.3　工作行程安排的要点

在工作行程安排中，需要考虑许多因素，如工作优先级、时间管理、会议安排、出差行程等。只有通过合理地安排工作行程，才能更有效地管理时间，更好地完成工作任务。那么，在安排行程之前，先通过 ChatGPT 了解工作行程安排的要点，根据提示再合理地安排行程。

🔟 **提问：** 工作行程安排的要点有哪些？

⑤ChatGPT：

工作行程安排是指在工作中为完成任务而制订的时间安排和计划。以下是工作行程安排的要点。

1. 确定任务和目标：在工作行程安排中，需要明确任务和目标，这有助于确定需要做什么及需要完成哪些任务。

2. 制订计划：制订详细的计划，包括工作的时间和地点，以及需要完成的任务。制订计划时，可以使用电子日历、待办事项列表或任务管理应用程序等工具。

3. 分配任务：如果有团队成员一起完成任务，需要将任务分配给团队成员。分配任务时，需要明确任务的要求和时间表，以确保任务能够按时完成。

4. 预估时间：在制订工作行程安排时，需要预估每项任务需要的时间，并根据时间表安排任务。

5. 优先级管理：在安排工作任务时，需要根据紧急程度和重要性确定优先级。高优先级任务需要优先完成。

6. 跟进和更新：在工作行程安排中，需要经常跟进并更新任务的进展情况，以便及时调整计划。

7. 留出缓冲时间：在安排工作行程时，应该留出一些缓冲时间，以便应对突发事件

和任务延误等情况。

8. 及时调整：在工作行程中，随时可能会出现计划外的事情。需要及时调整计划，以确保任务的顺利进行。

总之，工作行程安排需要充分考虑时间、任务和团队等方面的因素，以确保计划的顺利进行。

看到了 ChatGPT 给出的工作安排建议，结合自己的时间，就可以制订合理的工作行程，以帮助我们更好地管理时间和任务，从而更加高效地完成工作。

5.2　制作《行程安排表》

在文秘与行政的日常工作中，因为事务繁忙，为了不忘记每日的行程，可以制作一份行程安排表，以便于合理地分配时间，不会因为遗忘而耽误工作。

本例将制作一份行程安排表，首先设置表格中的日期与时间格式，然后为单元格设置样式，并插入超链接，最后进行表格的保护操作，实例最终效果见"结果文件\第 5 章\行程安排表.docx"文件，如下图所示。

5.2.1　设置日期和时间格式

在 Excel 中，我们可以根据需要选择多种日期和时间格式，具体操作方法如下。

第1步　❶新建一个名为"行程安排表"的 Excel 工作簿，输入标题和表头；❷选择标题，单击【开始】选项卡【对齐方式】组中的【合并后居中】按钮圈，如下图所示。

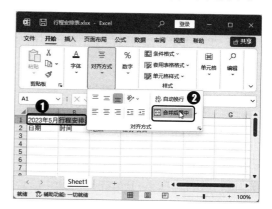

第2步 ❶选中A3:A12单元格区域；❷单击【开始】选项卡【数字】组中的【数字格式】按钮⬚，如下图所示。

第3步 打开【设置单元格格式】对话框，❶在【分类】列表中选择【日期】选项；❷在【类型】列表框中选择一种日期样式；❸单击【确定】按钮，如下图所示。

第4步 ❶选择B3:B12单元格区域，使用相同的方法打开【设置单元格格式】对话

框，在【分类】列表框中选择【时间】选项；❷在【类型】列表框中选择一种时间样式；❸单击【确定】按钮，如下图所示。

第5步 使用任意一种方法输入日期和时间，其格式将自动调整为已经设置的日期和时间格式，如下图所示。

第6步 在工作表中输入其他内容即可，如下图所示。

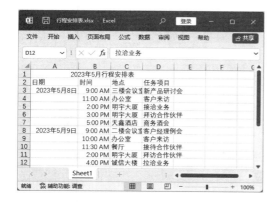

5.2.2　为表格设置单元格样式

在 Excel 中预置了多种单元格样式，用户可以通过为单元格设置单元格样式快速美化表格，具体操作方法如下。

第1步 ❶选择 A3:A7 单元格区域；❷单击【开始】选项卡【对齐方式】组中的【合并后居中】按钮圖；❸单击【开始】选项卡【对齐方式】组中的【垂直居中】按钮≡，然后使用相同的方法合并 A8:A12 单元格区域，如下图所示。

第2步 ❶选择 A1 单元格；❷单击【开始】选项卡【样式】组中的【单元格样式】

下拉按钮；❸在弹出的下拉列表中选择【标题 1】选项，如下图所示。

> **温馨提示 ●**
>
> 单元格样式是基于应用于整个工作簿的文档主题的，如果文档切换到另一主题，单元格样式也会随之更新，以便与新主题相匹配。

第3步 ❶选择 A2:D2 单元格区域；❷单击【开始】选项卡【字体】组中的【字体设置】按钮 ⌐，如下图所示。

第4步 打开【设置单元格格式】对话框，在【字体】选项卡中设置字体样式，如下图所示。

第5步 ▶ 切换到【对齐】选项卡，在【水平对齐】下拉列表中选择【居中】选项，如下图所示。

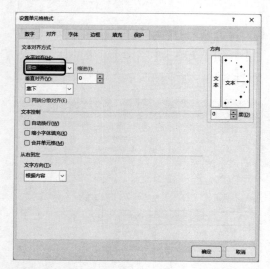

第6步 ▶ 切换到【填充】选项卡，❶在【背景色】列表中选择一种背景颜色；❷单击【确定】按钮，如下图所示。

第7步 ▶ ❶选择A2:D12单元格区域；❷单击【开始】选项卡【字体】组中的【边框】下拉按钮⊞▾；❸在弹出的下拉菜单中选择【所有框线】命令，如下图所示。

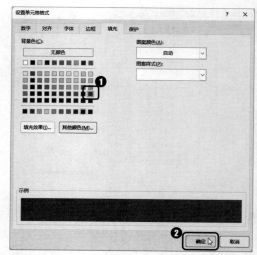

第8步 ▶ 根据情况，调整每一列的列宽，使内容完全显示即可，如下图所示。

5.2.3 插入超链接

在工作簿中插入超链接，可以通过单击该超链接，打开其他文件，查看该超链接的详细信息，具体操作方法如下。

第1步 ❶选中D8单元格；❷单击【插入】选项卡【链接】组中的【链接】按钮，如下图所示。

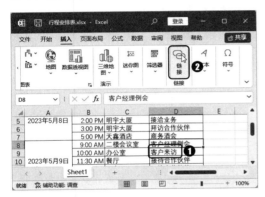

第2步 打开【插入超链接】对话框，❶在【链接到】列表中选择【现有文件或网页】；❷在【查找范围】列表中选中"素材文件\第5章\高级经理讨论会.xlsx"；❸单击【确定】按钮，如下图所示。

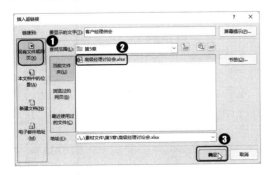

第3步 插入超链接后，该单元格中的文字将变为蓝色显示，并添加下画线，将鼠

标指针移动到超链接上，鼠标指针会显示为🖑形状，单击该超链接，即可打开第2步中链接到的工作簿，如下图所示。

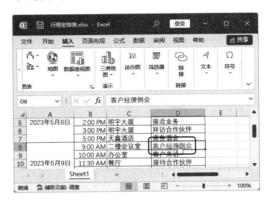

5.2.4 保护工作簿

行程安排表制作完成后，为了保证工作簿不会被更改，可以将工作簿设置为不可编辑状态，具体操作方法如下。

第1步 单击【审阅】选项卡【保护】组中的【保护工作表】按钮，如下图所示。

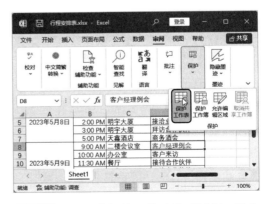

第2步 打开【保护工作表】对话框，❶在【取消工作表保护时使用的密码】文本框中输入密码，如123；❷其他保持默认状态，

完成后单击【确定】按钮，如下图所示。

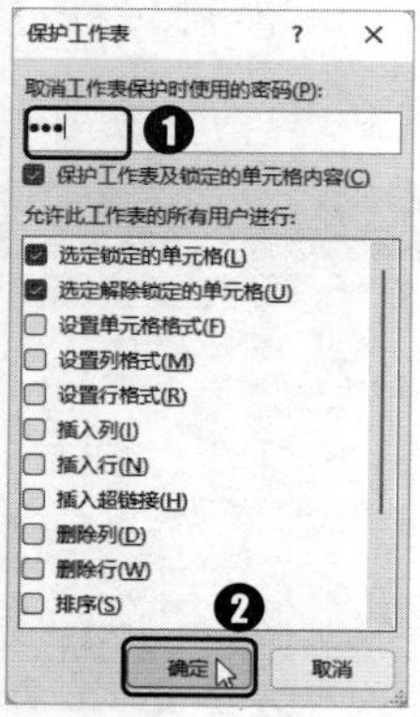

第3步 弹出【确认密码】对话框，❶在【重新输入密码】文本框中再次输入密码；❷单击【确定】按钮即可成功设置密码，如下图所示。

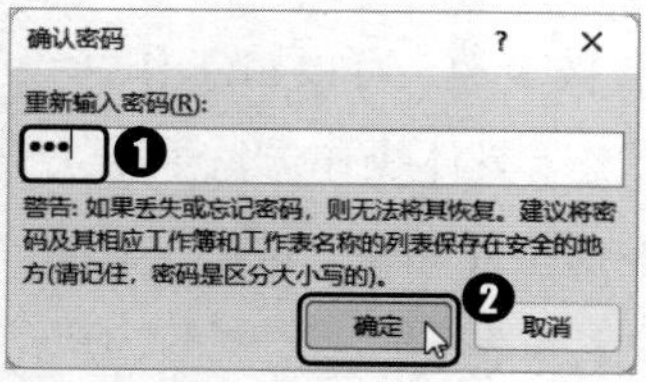

第4步 成功设置密码后，如果想要更改工作表中的数据，会弹出提示对话框，提示该工作表已经受到保护，如下图所示。

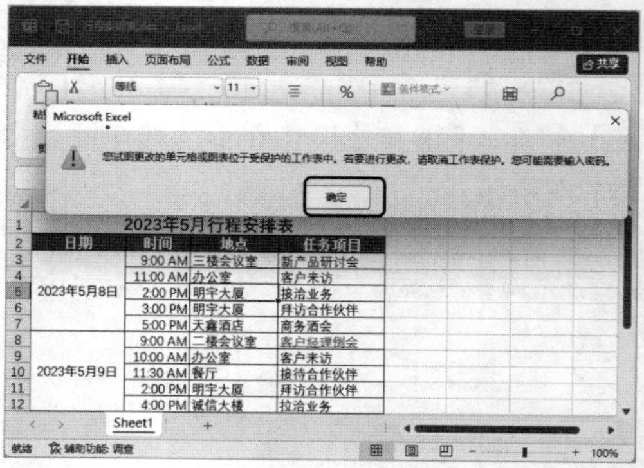

> **教您一招：取消工作表保护**
>
> 如果不再需要保护工作表，可以单击【审阅】选项卡【保护】组中的【撤销工作表保护】命令，在打开的【撤销工作表保护】文本框中输入密码，然后单击【确定】按钮即可。

5.3 制作《办公来电登记表》

来电记录属于事务文书的一种，因此没有规范的要求。办公来电登记表主要用于记录日常办公中接听电话或传真的情况，通过该表可以查看电话号码、来电日期、来电姓名和是否转达等信息。

本例将制作一份电话接听记录表，在记录电话和传真的同时，对需要备注的内容添加批注。实例最终效果见"结果文件\第5章\办公来电登记表.xlsx"文件。

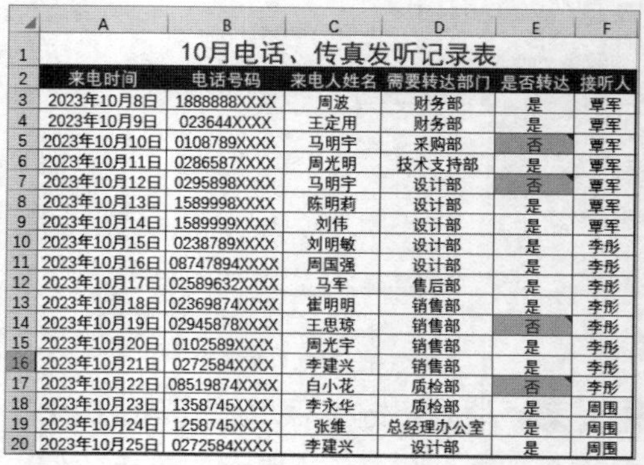

10月电话、传真发听记录表

来电时间	电话号码	来电人姓名	需要转达部门	是否转达	接听人
2023年10月8日	1888888XXXX	周波	财务部	是	覃军
2023年10月9日	023644XXXX	王定用	财务部	是	覃军
2023年10月10日	0108789XXXX	马明宇	采购部	否	覃军
2023年10月11日	0286587XXXX	周光明	技术支持部	是	覃军
2023年10月12日	0295898XXXX	马明宇	设计部	否	覃军
2023年10月13日	1589998XXXX	陈明莉	设计部	是	覃军
2023年10月14日	1589999XXXX	刘伟	设计部	是	覃军
2023年10月15日	0238789XXXX	刘明敏	设计部	是	李彤
2023年10月16日	08747894XXXX	周国强	设计部	是	李彤
2023年10月17日	02589632XXXX	马军	售后部	是	李彤
2023年10月18日	02369874XXXX	崔明明	销售部	是	李彤
2023年10月19日	02945878XXXX	王思琼	销售部	否	李彤
2023年10月20日	0102589XXXX	周光宇	销售部	是	李彤
2023年10月21日	0272584XXXX	李建兴	销售部	是	李彤
2023年10月22日	08519874XXXX	白小花	质检部	否	李彤
2023年10月23日	1358745XXXX	李永华	质检部	是	周围
2023年10月24日	1258745XXXX	张维	总经理办公室	是	周围
2023年10月25日	0272584XXXX	李建兴	设计部	是	周围

5.3.1 新建工作簿

制作办公来电登记表的第1步，需要先新建一个工作簿。新建工作簿的方法有很多，本例使用快捷菜单新建工作簿，并为工作簿命名，具体操作方法如下。

第1步 ❶在目标文件夹的空白处右击；❷在弹出的快捷菜单中选择【新建】选项；❸在弹出的子菜单中选择【Microsoft Excel 工作表】选项，如下图所示。

第2步 ❶操作完成后，将在目标位置新建一个Excel工作簿，文件名呈选择状态，直接输入文字，为工作簿命名；❷单击任意空白位置，或按【Enter】键即可重命名，如下图所示。

5.3.2 输入记录

工作簿创建完成后，就可以根据实际的工作情况输入需要的数据，包括来电号码、来电日期等。通过输入数据，可以掌握各种类型的数据输入，具体操作方法如下。

第1步 ❶在A1单元格中输入记录表标题文本；❷在A2单元格输入表头文本，如"来电时间"，输入完成后将鼠标指针定位到B2单元格或在键盘上按下【→】键，依次输入"电话号码""来电人姓名""需要转达部门""是否转达""接听人"等，如下图所示。

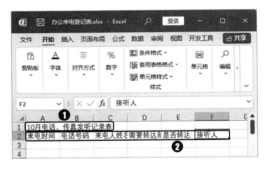

第2步 ❶选中A1:F1单元格区域；❷单击【开始】选项卡【对齐方式】组中的【合并后居中】按钮，如下图所示。

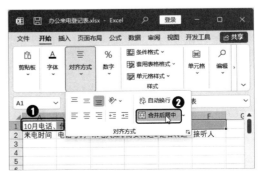

第3步 ➊选中A3:A20单元格区域；➋单击【开始】选项卡【数字】组中的【数字格式】下拉按钮 ·；➌在弹出的下拉菜单中选择【长日期】选项，如下图所示。

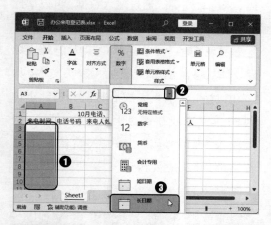

第4步 ➊选中B3:B20单元格区域；➋单击【数据】选项卡【数据工具】组中的【数据验证】按钮，如下图所示。

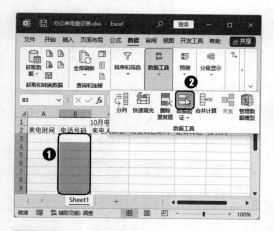

第5步 打开【数据验证】对话框，➊在【允许】下拉列表中选择【文本长度】选项，在【数据】下拉列表中选择【小于或等于】选项，在【最大值】文本框中输入"12"；

➋单击【确定】按钮，如下图所示。

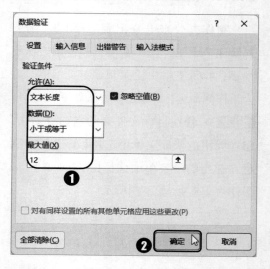

温馨提示 ●

设置数据验证后，当输入的电话号码大于12位时，将提示输入的数据为非法值，需要用户重新输入，直到输入符合条件的数据，这样可以有效地防止错误输入。

第6步 保持B3:B20单元格区域的选中状态，单击【开始】选项卡【数字】组中的【数字格式】按钮 ，如下图所示。

第7步 打开【设置单元格格式】对话框，

❶在【分类】列表框中选择【文本】选项；
❷单击【确定】按钮，如下图所示。

第8步 ▶ 在 A3 单元格使用任意日期格式输入日期，如下图所示。

第9步 ▶ 按【Enter】键，即可将日期转换为设置的格式，然后输入其他记录的内容。输入完成后，根据情况，调整每一列的列宽，使内容完全显示即可，如下图所示。

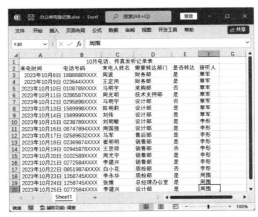

5.3.3 美化记录表

表格制作完成后，为了让表格更加美观，我们可以对表格设置单元格字体、边框、底纹等效果，以美化记录表，操作方法如下。

第1步 ▶ ❶选择 A1 单元格；❷在【开始】选项卡的【字体】组中设置字体和字号，如下图所示。

第2步 ▶ ❶保持 A1 单元格的选中状态；❷单击【开始】选项卡【字体】组中的【字体颜色】下拉按钮 ；❸在弹出的下拉菜单中选择一种字体颜色，如下图所示。

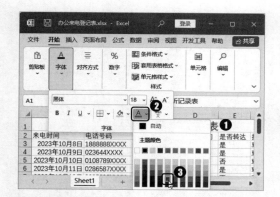

第3步 ● ❶选择A2:F2单元格区域；❷单击【开始】选项卡【字体】组中的【加粗】按钮 **B**，如下图所示。

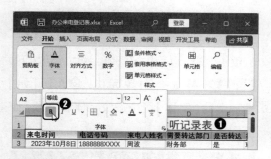

第4步 ● ❶保持选中状态，单击【开始】选项卡【字体】组中的【字体颜色】下拉按钮 A⁻；❷在弹出的下拉菜单中选择一种字体颜色，如下图所示。

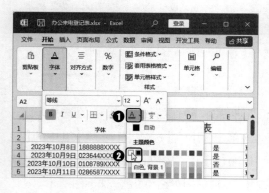

第5步 ● ❶保持选中状态，单击【开始】选项卡【字体】组中的【填充颜色】下拉按钮 🎨⁻；❷在弹出的下拉菜单中选择一种填充颜色，如下图所示。

第6步 ● 保持选中状态，单击【开始】选项卡【字体】组中的【居中】按钮 ≡，如下图所示。

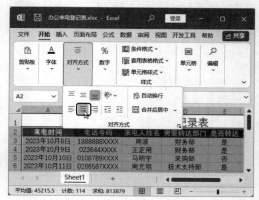

第7步 ● ❶保持选中状态，单击【开始】选项卡中的【边框】下拉按钮 ⊞⁻；❷在弹出的下拉菜单中选择【其他边框】选项，如下图所示。

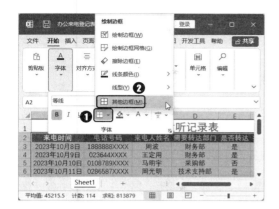

第8步 ● 打开【设置单元格格式】对话框，❶在【边框】选项卡的【样式】列表框中选择一种线条样式，在【颜色】下拉列表中选择边框的颜色；❷在【预置】栏中选择【外边框】选项，如下图所示。

第9步 ● ❶重新在【边框】选项卡的【样式】列表框中选择一种线条样式，在【颜色】下拉列表中选择边框的颜色；❷在【预置】

栏选择【内部】选项；❸单击【确定】按钮，如下图所示。

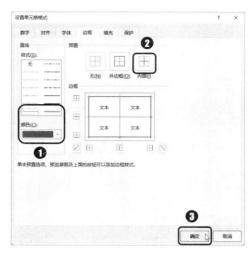

第10步 ● 返回工作表中，即可看到设置后的效果，如下图所示。

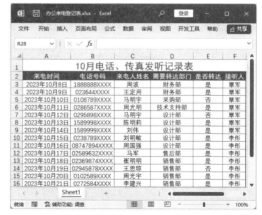

5.3.4 批注记录表

在制作完成记录表之后，可以在记录表中对没有及时转达的电话进行批注，说明未转达的原因，具体操作方法如下。

第1步 ❶选择 E3:E20 单元格区域；❷单击【开始】选项卡【样式】组中的【条件格式】下拉按钮；❸在弹出的下拉菜单中选择【突出显示单元格规则】选项；❹在弹出的子菜单中选择【等于】选项，如下图所示。

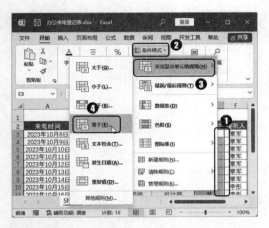

第2步 打开【等于】对话框，❶在【为等于以下值的单元格设置格式】文本框中输入"否"，❷在【设置为】下拉列表中选择想要的单元格样式；❸单击【确定】按钮，如下图所示。

第3步 返回工作簿即可看到符合条件的单元格已经以规定格式显示。❶选择第一个突出显示的单元格 E5；❷单击【审阅】选项卡【批注】组中的【新建批注】命令，如下图所示。

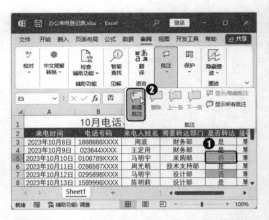

第4步 在选择的单元格右侧将出现批注文本框，在其中输入需要批注的内容，输入完成后选中任意其他单元格，即可退出批注状态，如下图所示。

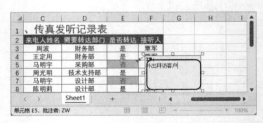

第5步 继续使用相同的方法，为其他需要批注的单元格添加批注即可，如下图所示。

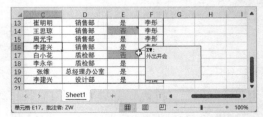

温馨提示

添加了批注之后，默认为隐藏状态，只在单元格右上角以红色小三角标显示，如果要查看批注，将鼠标指针移动到红色小三角上，即可显示批注内容。

5.4 制作《日程检查表》

日程检查表主要用于检查安排的日程是否合理，是否充分考虑到各方面可能发生的因素，能否让安排好的日程顺延地执行。日程检查表一般是以条例的形式呈现，如果安排好，可以在前方打钩，而没有安排好的，则应重新考虑如何安排才更加合理。

本例将制作一份日程检查表，首先在表中插入控件，然后进行页面设置，并打印检查表，实例最终效果见"结果文件\第5章\日程检查表.xlsx"文件。

5.4.1 添加【开发工具】选项卡

【开发工具】选项卡默认并没有显示在选项卡中，如果要使用其中的功能，需要在【Excel选项】对话框中添加，具体操作方法如下。

第1步 ▶ 打开"素材文件\第5章\日程检查表.xlsx"文件，❶在【文件】选项卡中单击【更多】选项；❷在弹出的子菜单中单击【选项】命令，如下图所示。

第2步 ▶ 打开【Excel选项】对话框，❶在【自定义功能区】选项卡中勾选【开发工具】复选框；❷单击【确定】按钮，如下图所示。

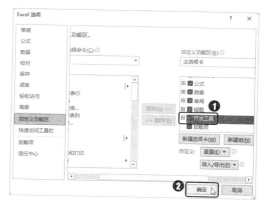

第3步 ▶ 返回工作簿中，即可看到【开发工具】选项卡已经添加到工作界面，如下图所示。

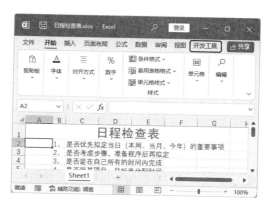

5.4.2 插入窗体控件

为了标记已经安排妥当的日程，可以在该条目录前打钩，此时可以通过添加【复选框】控件，来实现勾选的目的，操作方法如下。

第1步 ❶单击【开发工具】选项卡【控件】组中的【插入】下拉按钮；❷在弹出的下拉菜单中选择【复选框】命令☑，如下图所示。

第2步 在适合的位置按下鼠标左键拖动，绘制复选框，如下图所示。

第3步 ❶右击复选框控件；❷在弹出的快捷菜单中选择【编辑文字】命令，如下图所示。

第4步 将鼠标指针定位到控件中，按【Delete】键删除控件的文字，如下图所示。

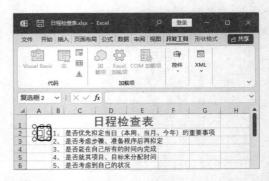

第5步 ❶选中控件；❷单击【开始】选项卡【剪贴板】组中的【复制】按钮⧉，如下图所示。

第6步 多次单击【开始】选项卡【剪贴

板】组中的【粘贴】按钮，复制15个控件，如下图所示。

第7步 ● 单击【形状格式】选项卡【排列】组中的【选择窗格】命令，如下图所示。

第8步 ● 打开【选择】窗格，选择【Check Box 2】选项，将其拖动到条例的前方，并使用相同的方法移动其他控件，如下图所示。

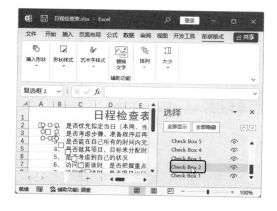

第9步 ● ❶ 按【Ctrl】键选择所有控件；❷单击【形状格式】选项卡【排列】组中的【对齐】下拉按钮；❸在弹出的下拉菜单中选择【水平居中】命令，如下图所示。

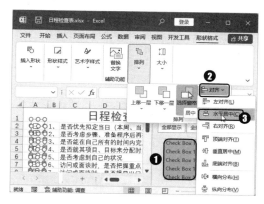

温馨提示 ●

因为控件数量多，选择框又小，直接用鼠标选择会比较困难，打开【选择】窗格可以轻松地选择控件。

5.4.3　预览和打印表格

日程检查表制作完成后，可以直接在工作表中勾选，也可以打印之后使用，操作方法如下。

第1步 ● ❶选择A1:G17单元格区域；❷单击【页面布局】选项卡【页面设置】组中的【打印区域】下拉按钮；❸在弹出的下拉菜单中选择【设置打印区域】选项，如下图所示。

第2步 ▶ 操作完成后，可以看到工作表中有灰色的粗线，如下图所示。

第3步 ▶ ❶在【文件】选项卡中切换到【打印】选项卡；❷单击【页面设置】命令，如下图所示。

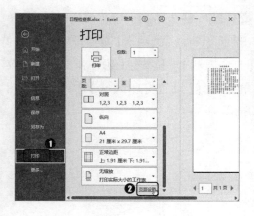

第4步 ▶ 打开【页面设置】对话框，❶在【页边距】选项卡中勾选【水平】和【垂直】复选框；❷单击【确定】按钮，如下图所示。

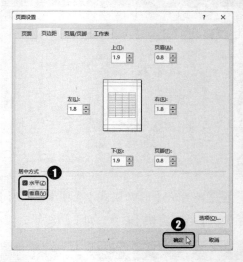

第5步 ▶ ❶返回工作簿，可以看到预览效果；❷单击【打印】按钮即可打印检查表，如下图所示。

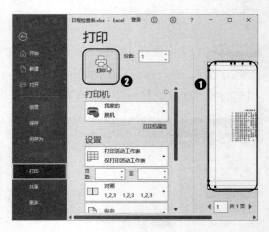

ChatGPT 答疑与点拨

通过前面知识的学习，相信读者朋友已经掌握了登记与行程安排管理的文件制作方法，清晰地登记事项和行程安排，可以让一天的工作更加轻松。下面结合本章内容，让ChatGPT给读者介绍一些工作中的实用经验与技巧，从而可以更好地完成登记与行程管理工作。

01 取消工作表中的超链接

为工作表设置了超链接之后，如果不再需要超链接，也可以取消。如果不知道如何取消，可以在ChatGPT中提问，寻求帮助。

> 提问：怎样取消工作表中的超链接？

ChatGPT：

在 Excel 中，你可以使用以下方法取消工作表中的超链接。

1. 找到包含超链接的单元格。

2. 右击单元格，然后选择【取消超链接】选项。

3. 如果你要删除整个工作表中的所有超链接，请按下【Ctrl+A】组合键选中整个工作表，然后按下【Ctrl+Shift+F】组合键，打开【查找和替换】对话框。

4. 在【查找和替换】对话框中，单击【选项】按钮，然后在【查找】框中输入"http://*"。

5. 在【替换为】框中不输入任何内容，然后单击【全部替换】按钮。

6. Excel 将删除整个工作表中的所有超链接。

请注意，这将删除工作表中的所有超链接，包括你希望保留的超链接。如果你只想删除特定的超链接，请使用第一步的方法。

根据ChatGPT的回答，本例使用第一步的方法来完成，具体操作方法如下。

第1步 ▶ 打开"素材文件\第5章\行程安排表.xlsx"文件，❶右击超链接的单元格；❷在打开的快捷菜单中选择【取消超链接】命令，如下图所示。

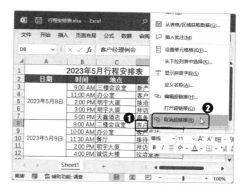

第2步 ▶ 操作完成后，即可取消超链接，如下图所示。

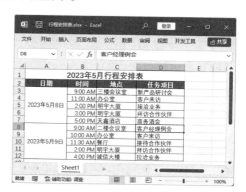

02 设置最适合的行高与列宽

默认情况下，行高与列宽都是固定的，当单元格中的内容较多时，可能无法将其全部显示出来。通常情况下，用户喜欢通过拖动鼠标的方式调整行高与列宽，这种方法比较麻烦，那么询问一下ChatGPT有没有自动调整行高与列宽的方法呢？

> 🎙 **提问：** 怎么自动调整行高与列宽？

ⓈChatGPT：

在Excel中，你可以自动调整行高与列宽来适应单元格中的内容。具体步骤如下。

1. 自动调整行高：选择需要自动调整行高的行或整个工作表，然后双击行号右边的分隔线，或者在【开始】选项卡的【格式】下拉菜单中选择【自动调整行高】。

2. 自动调整列宽：选择需要自动调整列宽的列或整个工作表，然后双击列号上方的分隔线，或者在【开始】选项卡的【格式】下拉菜单中选择【自动调整列宽】。

注意，自动调整行高或列宽会使所有单元格的行高或列宽都相同，因此，如果有需要更改单元格的行高或列宽，应手动调整单元格的行高或列宽。

接下来就使用ChatGPT提供的方法，为素材文件调整列宽，具体操作方法如下。

第1步 ▶ 打开"素材文件\第5章\办公用品采购表.xlsx"文件，❶选中要调整行高或列宽的表格区域；❷单击【开始】选项卡【单元格】组中的【格式】下拉按钮；❸在

弹出的下拉菜单中选择【自动调整列宽】命令，如下图所示。

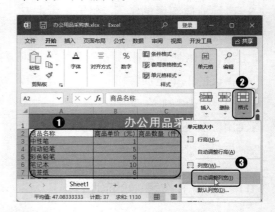

第2步 ▶ 操作完成后，即可按照单元格中的内容自动调整列宽，如下图所示。

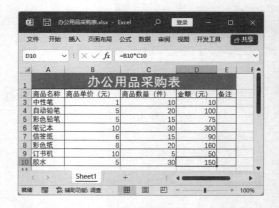

教您一招：自动调整行高

如果要自动调整行高，可以在选择表格区域后，在【格式】下拉菜单中选择【自动调整行高】命令。

---

03 设置数据输入前的提示信息

编辑工作表数据时，可以为单元格设置输入提示信息，以便提醒用户应该在单

元格中输入的内容。如果不知道操作方法，可以问一问ChatGPT，应该如何设置。

💬 **提问：** 如何在数据输入前弹出提示信息？

⑤ChatGPT：

你可以通过设置数据验证，使数据在输入前弹出提示信息。具体步骤如下。

1. 选中需要设置数据验证的单元格或单元格区域，可以通过按住【Shift】键或【Ctrl】键来选取多个单元格或单元格区域。

2. 在 Excel 菜单栏中单击【数据】选项卡，在【数据工具】组中单击【数据验证】命令。

3. 在弹出的【数据验证】对话框中，在【设置】选项卡中选择【整数】【小数】【日期】等需要设置数据验证的类型，并在【输入信息】文本框中输入提示信息。

4. 根据具体需求，在【输入信息】选项卡和【出错警告】选项卡中设置相应的提示信息。

5. 单击【确定】按钮，完成数据验证的设置。

这样，在输入数据时，当单元格中输入的数据不符合数据验证的条件时，就会弹出相应的提示信息。

ChatGPT的回答非常全面，但本案例只需要设置输入信息，所以可以选择其中的几个步骤来操作，方法如下。

第1步 ▶ 打开"素材文件\第5章\身份证号码采集表.xlsx"文件，❶选中要设置提示信息的单元格区域；❷单击【数据】选项卡【数据工具】组中的【数据验证】按钮，如下图所示。

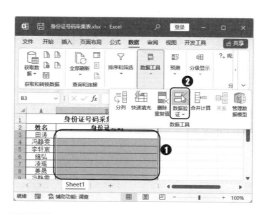

第2步 ▶ 打开【数据验证】对话框，❶在【标题】和【输入信息】文本框中输入提示内容；❷单击【确定】按钮，如下图所示。

第3步 ▶ 返回工作表，选中任意设置后的单元格，都会出现提示信息，如下图所示。

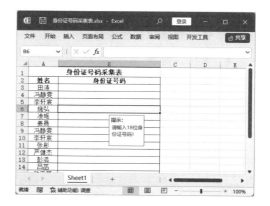

Excel

第6章

会议管理

本章导读

　　会议管理是文秘与行政工作中重要的一环，在会议之前，充足的准备可以让会议顺利举行。本章先通过ChatGPT让读者了解会议管理的基础知识，再通过Excel来制作《会议议程安排表》《会议室使用登记表》和《参会报名表》来管理会议，以提高组织会议的能力，完善会议流程。

知识要点

- 使用艺术字制作标题
- 美化工作表
- 插入特殊符号

- 添加页眉和页脚
- 插入 Word 对象
- 发送报名表邮件

6.1 使用 ChatGPT 了解会议管理

会议是组织内部沟通和协作的重要方式，也是决策和交流的重要渠道。会议管理是指对会议的各种活动进行规划、组织、协调、执行、控制和监督的过程。如果想更好地掌控会议流程，了解会议管理是非常必要的。通过 ChatGPT，首先了解会议管理的基础知识，才能更好地执行会议管理的各项任务。

6.1.1 商务会议前的准备工作

商务会议是企业重要的沟通交流平台，为了取得会议效果，提高会议的成功率，会议前的准备工作尤为关键。合理的准备工作不仅可以保证会议的顺利进行，还可以提高会议的效率和达成目标的概率。所以，在会议之前，首先通过 ChatGPT 来了解有哪些需要提前准备的工作。

> 🔟 **提问：** 商务会议前的准备工作有哪些？

⑤ ChatGPT：

会议前的准备工作可以包括以下几个方面。

1. 确定会议主题和议程：在召开会议之前，需要确定会议的主题和议程，以确保会议的目标明确，并且会议的讨论内容有条理、有重点。

2. 确定参会人员：根据会议主题和议程，确定需要邀请哪些人参加会议，并发送邀请函或通知，以便参会人员能够合理安排时间

和做好准备。

3. 准备会议材料：根据议程和需要讨论的议题，准备会议材料，如会议纪要、报告、PPT 等，以便参会人员能够了解会议内容和做好准备。

4. 确定会议地点和时间：确定会议的具体地点和时间，以便参会人员能够准时到达并参加会议。

5. 检查会议设备和技术：检查会议所需的设备和技术是否齐备，如投影仪、音响、网络等，以确保会议顺利进行。

6. 确定会议主持人和记录员：在会议前确定会议主持人和记录员，并告知他们会议的主题和议程，以确保会议的秩序和记录。

7. 安排会议用餐和茶歇：如果需要提供会议用餐或茶歇，需要提前安排好供应商，并确定具体的用餐时间和菜单。

总之，在会议前，需要做好充分的准备工作，以确保会议的顺利进行和达到预期的效果。

从 ChatGPT 的回答中可以看出，商务会议前的准备工作非常重要，需要做到目的明确、细节到位、合理规划，确保会议的顺利举行。

6.1.2 了解会议前需要准备的表格

在会议前准备好需要的表格，可以帮助会议的组织者更好地规划会议，保证会议的顺利进行。如果不知道有哪些表格要准备，可以通过 ChatGPT 来查看常规的准备方案有哪些。

提问： 会议前需要准备的工作表格有哪些？

ChatGPT：

以下是可能包括在会议前需要准备的工作表格。

1. 参会人员名单：记录所有受邀请的参会人员的姓名、职务、公司和联系方式，以便确定参会人员名单和确认参会人员的到场情况。

2. 会议议程：列出会议的详细议程，包括每个议题的时间安排、讨论重点和预期结果等，以便参会人员能够了解会议的主要内容和安排。

3. 会议资料清单：记录所有需要准备的会议资料，包括报告、数据、PPT等，以便准备和审核会议资料，以及确定需要的设备和技术支持。

4. 会议设备清单：记录会议需要的设备和技术支持清单，如投影仪、音响、网络等，以便检查和测试设备，确保会议设备和技术的顺利运行。

5. 会议用餐和茶歇清单：列出所有需要提供的会议用餐和茶歇清单，包括用餐时间、菜单和供应商等，以便安排和预定供应商。

6. 会议宣传材料清单：记录会议宣传材料的清单，包括海报、传单、电子邮件等，以便策划和准备会议宣传活动。

7. 主持人和记录员安排表：记录会议主持人和记录员的姓名、职务和联系方式，以便确定他们的任务和安排。

8. 会议宣传和邀请函审核表：记录会议宣传和邀请函的审核人与审核时间，以确保会议宣传和邀请函的质量和效果。

9. 会议前跟进表：记录会议前需要跟进的任务和进展情况，以确保会议顺利进行。

以上是可能需要准备的一些工作表格，具体要根据会议的性质和需要进行调整与制定。

从ChatGPT的回答中可以看出，会议前需要准备的表格很多，但是不同的会议需要准备的表格也可能会有所不同，我们只需要根据实际情况，选择适合的表格即可。

6.1.3 了解会议后需要整理的表格

在开展会议后，记录和整理会议的内容、讨论结果、行动计划等信息，有助于保持会议的连贯性，也能够为以后的工作提供方向。如果不知道需要整理的内容，可以根据ChatGPT的提示，制订一些计划和策略，从而使整理过程更加顺利高效。

提问： 会议后需要整理的表格有哪些？

ChatGPT：

以下是可能需要在会议后整理的表格。

1. 会议记录：记录会议的讨论和决策过程、结果和行动计划等，以便将来参考和追踪。会议记录可以手写或电子记录，具体形式可以根据需要来确定。

2. 参会人员反馈表：收集参会人员对会议的反馈和意见，以便评估会议的质量和改进会议的组织与安排。

3. 行动计划表：记录会议后需要采取的行动计划，包括具体任务、责任人、截止日期和进展情况等，以便跟进和监督。

4. 会议费用清单：记录会议的费用支出，包括用餐、设备、技术支持等，以便核对和报销。

5. 会议参与人员名单：记录参加会议的人员名单和联系方式，以便将来沟通和跟进。

6. 会议照片和视频清单：记录会议期间拍摄的照片和视频，以便后续使用和宣传。

7. 会议评估表：用于评估会议的质量和效果，包括议程安排、讨论和决策过程、参会人员反馈等，以便改进和提高会议的质量。

需要整理的表格可以根据会议的性质和需要进行调整与制定。为确保会议的顺利进行和顺利完成，适当的会议记录和跟进非常重要。

从 ChatGPT 的回答我们可以得知，整理会议内容是一项重要的工作，需要认真对待。通过合理、准确地整理会议记录和相关表格，能够更好地保证会议的效果和成果得以实现，提高会议的管理水平和工作效率。

6.2 制作《会议议程安排表》

会议议程安排表是为了帮助会议主持人和开会人员能够提前知道会议的流程和内容而制作的表格，以便于参会人员合理地对会议议程进行安排，可以让会议在有条不紊地情况下进行。本例将制作一份会议议程安排表，如下图所示。首先插入艺术字制作标题，然后添加会议议程，并打印议程。实例最终效果见"结果文件\第6章\公司员工手册.xlsx"文件。

的标题，所以本例使用艺术字作为工作表的标题。

1. 插入艺术字

在工作表中插入艺术字时，艺术字会以文本框的形式插入，具体操作方法如下。

第1步 ▶ 新建一个工作簿，❶单击【插入】选项卡【文本】组中的【艺术字】下拉按钮；❷在弹出的下拉菜单中选择一种艺术字样式，如下图所示。

6.2.1 使用艺术字制作标题

使用艺术字可以快速地插入美观大方

第2步 ▶ 在工作表中会创建一个文本框，

文本框中的"请在此放置您的文字"占位符呈选中状态，如下图所示。

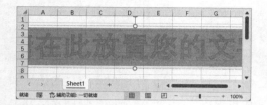

第3步 ▶ 直接输入标题文本，如下图所示。

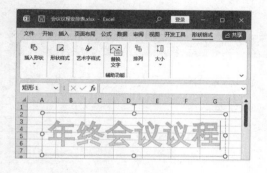

2. 美化艺术字

插入的艺术字使用默认的主题样式，如果对默认主题样式的颜色、字体等样式不满意，可以为艺术字自定义样式，具体操作方法如下。

第1步 ▶ ❶选择艺术字文本；❷在【开始】选项卡【字体】组中设置字体和字号，如下图所示。

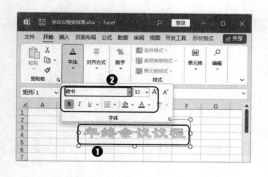

第2步 ▶ ❶单击【形状格式】选项卡【艺术字样式】组中的【文本填充】下拉按钮▲；❷在弹出的下拉菜单中选择一种填充颜色，如下图所示。

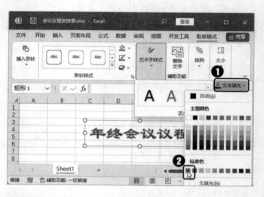

第3步 ▶ 保持艺术字的选中，❶单击【文本轮廓】下拉按钮▲；❷在弹出的下拉菜单中选择轮廓颜色，如下图所示。

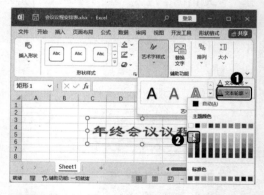

第4步 ▶ 保持艺术字的选中，❶单击【文本效果】下拉按钮▲；❷在弹出的下拉菜单中选择【转换】选项；❸在弹出的子菜单中选择一种弯曲效果，如下图所示。

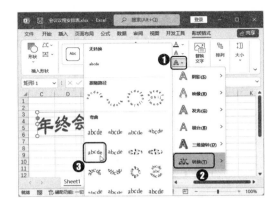

3. 移动艺术字

艺术字制作完成后，需要将其移动到需要的位置，具体操作方法如下。

第1步 ❶选中第一行；❷单击【开始】选项卡【单元格】组中的【格式】下拉按钮；❸在弹出的下拉菜单中选择【行高】命令，如下图所示。

第2步 打开【行高】对话框，❶在【行高】文本框中输入需要的行高；❷单击【确定】按钮，如右图所示。

第3步 将鼠标指针移动到艺术字文本框上，当鼠标指针变为↖时，按下鼠标左键不放，将艺术字拖动到适合的位置即可，如下图所示。

6.2.2 添加会议议程

制作好会议议程的标题之后，就可以开始制作会议议程了。

1. 输入工作表内容

会议议程的内容一般包括会议的时间、序号、会议议程等信息，制作方法如下。

第1步 在工作表中输入如下图所示的内容。

第2步 ▶ 在B3和B4单元格输入"1"和"2"，然后选择B3:B4单元格区域，向下填充序列到B11单元格，如下图所示。

教您一招：复制序列

如果只在B3单元格中输入1后，再选中该单元格，向下填充序列，则默认复制序列。

第3步 ▶ 将鼠标指针移动到C列和D列之间，当鼠标指针变为 ✚ 时按下鼠标左键，然后向右拖动，调整到适合的列宽后松开鼠标左键，如下图所示。

教您一招：快速调整列宽

在列与列之间的分隔线上双击，列宽即可快速调整到合适的宽度。

第4步 ▶ ❶选中A3:A11单元格区域；❷单击【开始】选项卡【对齐方式】组中的【合并后居中】下拉按钮，如下图所示。

第5步 ▶ ❶使用相同的方法合并A7:A11单元格区域，然后选中A3:A11单元格区域；❷单击【开始】选项卡【对齐方式】组中的【垂直居中】按钮 ☰，如下图所示。

第6步 ▶ ❶在选中的单元格区域右击；❷在弹出的快捷菜单中选择【设置单元格格式】选项，如下图所示。

第7步▶ 打开【设置单元格格式】对话框，❶在【对齐】选项卡的【方向】栏中选择竖排文本；❷单击【确定】按钮，如下图所示。

第8步▶ ❶选择 B3:B11 单元格区域；❷单击【开始】选项卡【对齐方式】组中的【居中】按钮☰，如下图所示。

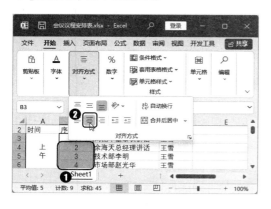

2. 美化工作表

为了让工作表看起来更加美观，我们可以使用单元格样式来美化工作表，操作方法如下。

第1步▶ ❶选中 A2:D2 单元格区域；❷单击【开始】选项卡【样式】组中的【单元格样式】下拉按钮；❸在弹出的下拉菜单中选择一种主题单元格样式，如下图所示。

第2步▶ ❶按【Ctrl】键后依次选中 B4:D4、B6:D6、B8:D8、B10:D10 单元格区域；❷单击【开始】选项卡【样式】组中的【单元格样式】下拉按钮；❸在弹出的下拉菜单中选择一种主题单元格样式，如下图所示。

第3步▶ ❶选中 A2:D11 单元格区域，右击鼠标；❷在弹出的快捷菜单中选择【设置单元格格式】选项，如下图所示。

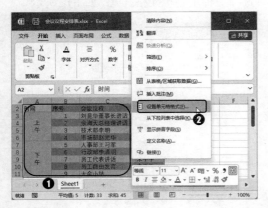

第4步▶ 打开【设置单元格格式】对话框，❶在【边框】选项卡的【样式】组中选择一种较粗的线条样式，并设置线条颜色；❷在【预置】组中选择【外边框】选项，如下图所示。

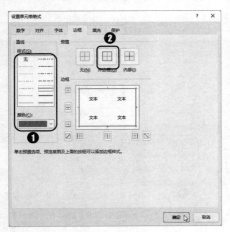

第5步▶ ❶在【边框】选项卡的【样式】组中重新选择一种虚线线条样式，并设置线条颜色；❷在【预置】组中选择【内部】选项；❸单击【确定】按钮，如下图所示。

第6步▶ 返回工作表中即可看到工作表应用了边框后的样式，如下图所示。

6.2.3 打印会议议程

会议议程制作完成后，需要打印出来分发给参会人员，打印的操作方法如下。

第1步▶ 单击【页面布局】选项卡中的【页面设置】功能按钮 ⬚，如下图所示。

第2步 打开【页面设置】对话框，❶在【页面】选项卡的【方向】组中选择【横向】命令；❷在【缩放比例】数值框中输入"200"，如下图所示。

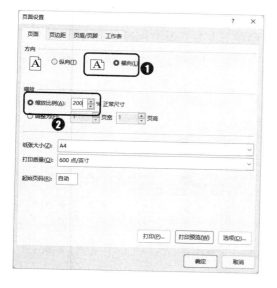

第3步 ❶在【页边距】选项卡的【居中方式】组中勾选【水平】和【垂直】复选框；❷单击【打印预览】按钮，如下图所示。

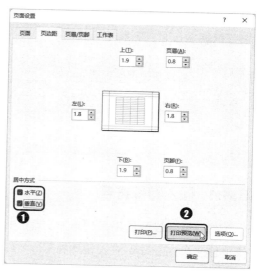

第4步 操作完成后，单击【打印】按钮，即可打印工作表，如下图所示。

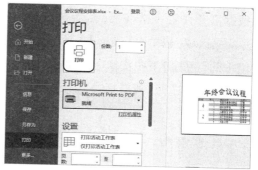

6.3　制作《会议室使用登记表》

在使用会议室时，为了避免不同部门开会的冲突，要事先登记会议室使用的时间和用途。在进行登记时，除了需要登记

要召开的会议名称、会议时间外，还需要对会议室的物品进行检查，如有损坏情况及时登记。

本例将制作一个会议室使用登记表，在主体框架制作完成后，还需要添加特殊符号和页眉页脚，并进行打印设置，实例最终效果见"结果文件\第6章\会议室使用登记表.xlsx"文件。

6.3.1 插入特殊符号

在制作会议室使用登记表时，除了制作主体之外，还需要插入特殊符号，具体操作方法如下。

第1步 新建一个名为"会议室使用登记表"的工作簿，❶输入工作表主体文本，并根据需要设置表格框架，然后选择A2:H7单元格区域；❷单击【开始】选项卡【字体】组中的【边框】下拉按钮 ；❸在弹出的下拉菜单中选择【所有框线】命令，如下图所示。

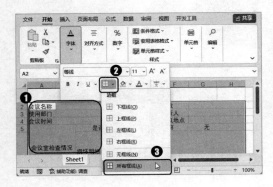

第2步 ❶将鼠标指针定位到E5单元格的"有"字前方；❷单击【插入】选项卡【符号】组中的【符号】按钮，如下图所示。

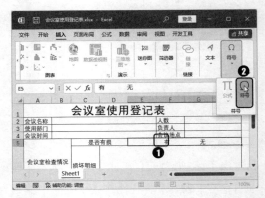

第3步 打开【符号】对话框；❶在【字体】下拉列表中选择【Wingdings 2】选项；❷在下方的列表中选择合适的符号；❸单击【插入】按钮，并使用相同的方法在"无"前方添加符号，如下图所示。

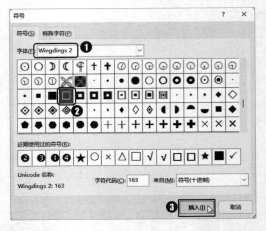

第4步 ❶选择C6单元格，右击鼠标；❷在弹出的快捷菜单中选择【设置单元格格式】选项，如下图所示。

第5步 打开【设置单元格格式】对话框，❶在方向栏选择【竖排】文本；❷单击【确定】按钮，如下图所示。

第6步 操作完成后，即可看到主体表格完成后的效果，如下图所示。

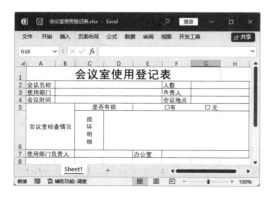

6.3.2 添加页眉和页脚

主体表格制作完成后，可以为其添加页眉和页脚，使表格看起来更加专业。

1. 在页眉中插入图片

在添加页眉时，除了可以输入文字外，还可以插入图片，具体操作方法如下。

第1步 单击【插入】选项卡【文本】组中的【页眉和页脚】按钮，如下图所示。

第2步 进入页眉和页脚编辑状态，❶在页眉的左侧文本框中输入公司名称；❷在【开始】选项卡【字体】组中设置字体样式，如下图所示。

第3步 ❶将鼠标指针定位到页眉的右侧文本框中；❷单击【页眉和页脚】选项卡中的【图片】按钮，如下图所示。

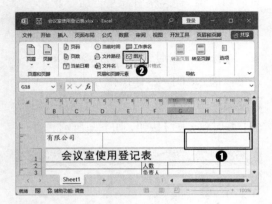

第4步 打开【插入图片】对话框，单击【从文件】选项，如下图所示。

第5步 ❶打开【插入图片】对话框，选择"素材文件\第6章\Logo.jpg"文件；❷单击【插入】按钮即可，如下图所示。

2. 在页脚中插入日期和时间

在页脚中除了页码外，可以插入日期和时间，具体操作方法如下。

第1步 单击【页眉和页脚】选项卡【导航】组中的【转至页脚】按钮，如下图所示。

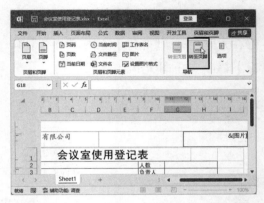

第2步 ❶将鼠标指针定位到页脚的右侧文本框中；❷单击【页眉和页脚】选项卡【页眉和页脚元素】组中的【当前日期】命令，如下图所示。

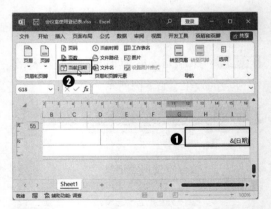

第3步 单击【页眉和页脚】选项卡【页眉和页脚元素】组中的【当前时间】命令，在日期控件后添加时间控件，如下图所示。

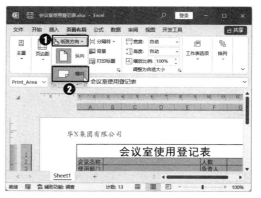

6.3.3 打印登记表

为了方便使用，在登记表制作完成后，需要打印纸质表格，具体操作方法如下。

第1步 ● ❶选择 A1:H7 单元格区域；❷单击【页面布局】选项卡【页面设置】组中的【打印区域】下拉按钮；❸在弹出的下拉菜单中选择【设置打印区域】选项，如下图所示。

第3步 ● 单击【页面布局】选项卡【页面设置】组中的【页面设置】按钮 ，如下图所示。

第4步 ● ❶打开【页面设置】对话框，勾选【居中方式】栏的【水平】和【垂直】复选框；❷单击【打印预览】按钮，如下图所示。

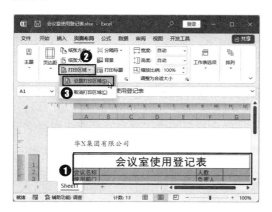

第2步 ● ❶单击【页面布局】选项卡【页面设置】组中的【纸张方向】下拉按钮；❷在弹出的下拉菜单中选择【横向】命令，如下图所示。

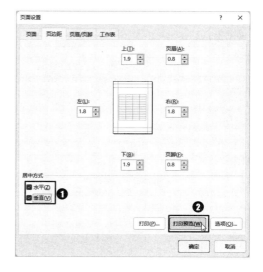

第5步 ▶ 在打开的【打印】界面中查看打印效果，确认无误后单击【打印】按钮即可开始打印，如下图所示。

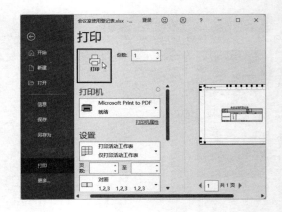

6.4 制作《参会报名表》

参会报名表是举办会议时需要填写的资料信息，用于帮助主办方了解参会人员的信息，统计参会人数和相关资料。

本例将制作一张参会报名表，并插入参会承诺书，实例最终效果见"结果文件\第6章\参会报名表.xlsx"文件。

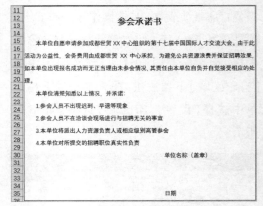

6.4.1 制作表格框架

参会报名表中需要包括参会人员姓名、性别、单位名称、所属行业等信息，以便主办方安排参会流程，所以在制作参会报名表时，可以先在表格框架中输入文字信息，具体操作方法如下。

第1步 ▶ 新建一个名为"参会报名表"的工作簿，在工作表中输入需要的表格信息，如下图所示。

第2步 ❶选择 A1:F1 单元格区域；❷单击【开始】选项卡【对齐方式】组中的【合并后居中】按钮，如下图所示。

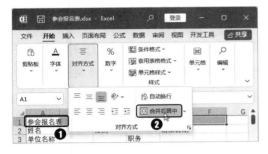

第3步 使用相同的方法合并 B3:C3、E3:F3、B4:F4、B5:F5、B6:F6、A7:F7、A8:F8、A9:F9、A10:F10 单元格区域，如下图所示。

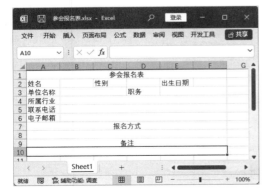

第4步 拖动行和列的分隔线，调整单元

格到合适的大小，如下图所示。

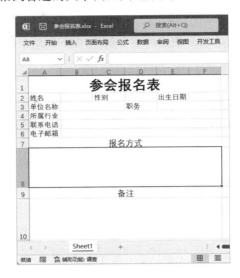

6.4.2 设置禁止自动添加超链接

在 Excel 中输入邮箱、网址等内容时，会默认添加超链接，为了避免这种情况，可以设置禁止自动添加超链接，具体操作方法如下。

第1步 ❶打开【文件】选项卡，选择【更多】选项；❷在弹出的子菜单中单击【选项】命令，如下图所示。

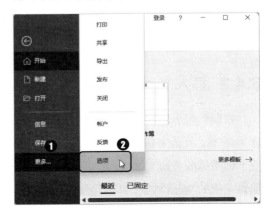

第2步 ▶ 打开【Excel选项】对话框，❶选择【校对】选项卡；❷单击【自动更正选项】栏的【自动更正选项】按钮，如下图所示。

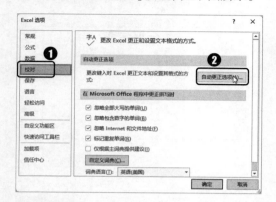

第3步 ▶ 打开【自动更正】对话框，❶取消勾选【Internet 及网络路径替换为超链接】复选框；❷单击【确定】按钮即可，如下图所示。

6.4.3 插入 Word 对象

在制作报名表时，需要参会者阅读并签订承诺书，承诺书的文字较多，而Excel不便于编辑排版大段文字，此时可以插入已经编辑完成的Word对象，具体操作方法如下。

第1步 ▶ ❶在A8单元格中输入报名方式的第一段文本，然后选中该单元格；❷单击【开始】选项卡【对齐方式】组中的【自动换行】命令，如下图所示。

第2步 ▶ 在需要强制换行的地方按【Alt+Enter】组合键强制换行，输入其他文本内容，如下图所示。

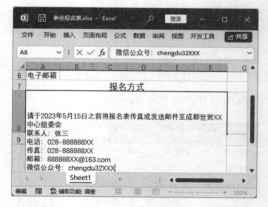

第3步 ▶ ❶在A10单元格中输入需要的文本，然后选中该单元格；❷单击【插入】选项卡【文本】组中的【对象】命令，如下图所示。

第4步 打开【对象】对话框，在【由文件创建】选项卡中单击【文件名】文本框后方的【浏览】按钮，如下图所示。

第5步 打开【浏览】对话框，❶选择"素材文件\第6章\参会承诺书.docx"；❷单击【插入】按钮，如下图所示。

第6步 返回【对象】对话框，在【文件名】文本框中可以看到插入的文件，单击【确定】按钮，如下图所示。

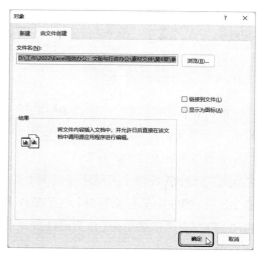

> **教您一招：让Word文件以图标插入**
>
> 在【对象】对话框中选择了Word文件后，勾选【显示为图标】复选框，然后单击【确定】按钮，该Word文件将以图标的形式插入Excel中，双击该图标可以打开插入的Word文档。

第7步 返回工作表，即可看到Word已经插入，拖动承诺书到合适的位置即可，如下图所示。

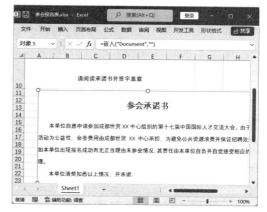

> **温馨提示**
>
> 插入Word对象后，以图片的形式显示在

Excel中，可以通过编辑形状格式的方式编辑该对象。

6.4.4 发送报名表邮件

报名表制作完成后，可以打印后填写，也可以将电子档发送到对方邮箱，下面介绍发送报名表电子邮件的方法。

第1步 ❶在【文件】选项卡中选择【共享】选项；❷在中间窗格选择【电子邮件】选项；❸在右侧窗格单击【作为附件发送】命令，如下图所示。

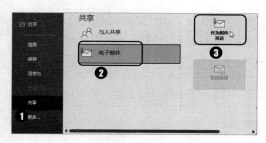

第2步 ❶自动启动Outlook，并将参会报名表添加到附件，填写收件人、抄送等信息，并撰写邮件；❷完成后单击【发送】按钮即可发送邮件，如下图所示。

ChatGPT 答疑与点拨

通过前面知识的学习，相信读者朋友已经掌握了制作会议管理文件的操作方法，包括添加艺术字、插入特殊符号、添加页眉和页脚、打印工作表、插入对象、发送邮件等。下面结合本章内容，让ChatGPT给读者介绍一些工作表的编辑技巧，提高工作效率。

01 如何自定义单元格样式

使用单元格样式美化工作表时，若Excel提供的内置样式无法满足需求，则可以根据操作需要自定义单元格样式。如果不知道如何自定义单元格样式，ChatGPT可以为你提供帮助。

> 🔟 **提问：** 如何自定义单元格样式？

⑤ChatGPT：

要自定义单元格样式，可以按照以下步骤操作。

1. 选中需要设置样式的单元格或单元格

区域。

2. 在【开始】选项卡中，单击【单元格样式】下拉菜单。

3. 在弹出的样式列表中，选择一个合适的样式，或单击【新建单元格样式】来创建新的样式。

4. 如果选择了【新建单元格样式】，则在弹出的【样式】对话框中进行设置，包括命名、字体、边框、填充等。

5. 完成样式设置后，单击【确定】按钮保存。

另外，还可以在【条件格式】下拉菜单中设置条件格式，根据单元格内容自动变换样式，例如，根据数值大小、文本内容等。

根据ChatGPT的回答，设置自定义单元格样式的具体操作方法如下。

第1步 ▶ 打开"素材文件\第6章\工资表.xlsx"，❶在【开始】选项卡的【样式】组中单击【单元格样式】按钮；❷在弹出的下拉列表中单击【新建单元格样式】选项，如下图所示。

第2步 ▶ 打开【样式】对话框，❶在【样式名】文本框中输入样式名称；❷单击【格式】按钮，如下图所示。

第3步 ▶ 打开【设置单元格格式】对话框，在【对齐】选项卡中设置【文本对齐方式】，如下图所示。

第4步 ▶ 切换到【字体】选项卡，设置字体样式，如下图所示。

第5步 ❶切换到【填充】选项卡，设置填充颜色；❷然后依次单击【确定】按钮，如下图所示。

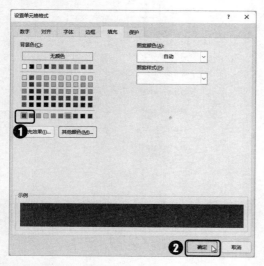

第6步 ❶返回工作表，选中 A2:I2 单元格区域；❷单击【开始】选项卡【样式】组中的【单元格样式】下拉按钮；❸在弹出的下拉菜单中选择自定义样式即可，如下图所示。

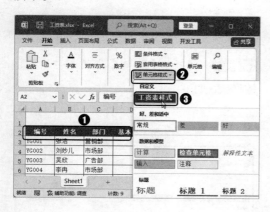

02 设置打印网格线

默认情况下，若工作表中没有设置边框样式，其网格线是不会打印出来的。如果要打印工作表中的网格线，可以先通过 ChatGPT 查询方法，再进行设置。

💬 **提问：** 怎样设置打印网格线？

⑥ ChatGPT：

在 Excel 中设置打印网格线，可以让打印出来的表格更加清晰易读。要设置打印网格线，可以按照以下步骤进行操作。

1. 打开要打印的 Excel 工作表。

2. 按下【Ctrl+P】组合键，打开【打印】对话框，然后单击【页面设置】按钮。

3. 在弹出的【页面设置】对话框中，切换到【工作表】选项卡。

4. 勾选【网格线】复选框。

5. 单击【确定】按钮，保存设置。

6. 进行打印操作，即可看到打印出来的表格有网格线了。

需要注意的是，打印网格线只是为了让打印出来的表格更加清晰易读，而不会影响实际的数据计算。

有了 ChatGPT 的提示，再执行打印网格线的操作就比较简单了。因为之前已经学习了打开【页面设置】对话框的操作，在这里就省略该步骤，之后的操作方法如下。

打开【页面设置】对话框，❶切换到【工作表】选项卡；❷在【打印】栏中勾选【网格线】复选框；❸单击【确定】按钮即可，如下图所示。

03 如何快速修改多处同一错误的内容

如果在工作表中有多个地方输入了同一个错误的内容，按常规方法逐个修改会非常烦琐。此时，我们可以利用ChatGPT查询有没有可以一次性修改所有错误内容的方法。

> 🔟 **提问：** 如何批量修改多处同一错误的内容？

⑤ChatGPT：

您可以使用Excel中的查找和替换功能来批量修改多处同一错误的内容，具体步骤如下。

1. 选中要进行查找和替换的范围，可以是一个单元格、一行、一列、整个工作表等。

2. 使用【Ctrl+F】组合键或在【开始】菜单下的【查找和选择】中选择【查找】。

3. 在查找窗口中输入需要查找的内容，并在替换窗口中输入需要替换的内容。

4. 可以选择性地设置查找选项和替换选项，如区分大小写、全词匹配、替换所有等。

5. 单击【替换】按钮或【全部替换】按钮，即可完成批量修改多处同一错误的内容。

另外，如果您需要在多个工作簿或多个工作表中批量修改内容，可以使用Excel的【查找和替换】功能的高级选项，选择【在文件夹中查找】或【在工作簿中查找】等选项来批量查找和替换。

由以上的回答可以看出，可以使用全部替换功能，快速修改多处同一错误，具体操作方法如下。

第1步 ▶ 打开"素材文件\第6章\旅游业发展情况.xlsx"文件，❶在数据区域中选中任意单元格；❷在【开始】选项卡的【编辑】组中单击【查找和选择】下拉按钮；❸在弹出的下拉列表中单击【替换】选项，如下图所示。

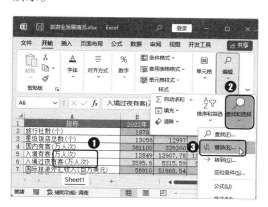

第2步 ▶ ❶打开【查找和替换】对话框，在【替换】选项卡的【查找内容】文本框中

输入要查找的数据，本例中输入【有客】；
❷在【替换为】文本框中输入要替换的内
容，本例中输入【游客】；❸单击【全部替
换】按钮，如下图所示。

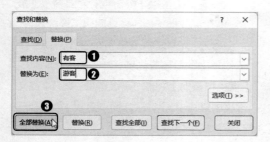

第3步 ▶ 系统即可开始进行查找和替换，
完成替换后，会弹出提示框告知，单击【确
定】按钮，如下图所示。

第4步 ▶ 返回【查找和替换】对话框，单
击【关闭】按钮关闭该对话框，返回工作表，
即可看到内容已经被替换，如下图所示。

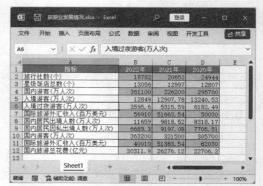

Excel

第 7 章

办公用品管理

本章导读

　　办公用品管理是针对办公室用品的计划、采购、分发、保管等事宜的专项制度，合理地规范办公用品的管理和流程，可以减少铺张浪费，节约成本，提高工作效率。本章先通过ChatGPT让读者了解办公用品管理的基础知识，再通过Excel来制作《办公室用品消耗分析表》《办公设备折旧表》和《办公用品申请单》，来介绍如何规范地管理办公用品，合理分配办公资源。

知识要点

- 插入图表
- 设置图表样式
- 设置饼图分离

- 制作基本表格
- 计算折旧值
- 处理折旧表

7.1 使用 ChatGPT 了解办公用品管理

良好的办公用品管理系统可以确保每个员工都能获得所需的办公用品，同时也可以减少浪费和不必要的开支。如果你无从下手，那ChatGPT可以为你提供各种相关的信息和建议，从而让你更好地了解和实施办公用品管理。

7.1.1 了解办公室常备用品

办公室常备用品是指在办公室日常工作中需要使用的基本物品，如文具、文件夹、备忘录、订书机、胶水等。这些物品的使用频率较高，一旦缺少会对日常工作造成不小的困扰。因此，对办公室来说，合理的采购、管理和存储常备用品至关重要。所以，在管理办公用品之前，首先通过ChatGPT了解有哪些常备用品，以保障日常工作的顺利开展。

> 🗨 **提问：** 办公室常备用品有哪些？

⑤ChatGPT：

办公室常备用品可以根据公司的规模和需要而有所不同，但以下是一些通常需要的基本办公品清单。

1. 文具：笔、笔记本、便签纸、胶带、订书机、回形针、削笔器、修正液等。

2. 文件管理用品：文件夹、文件盒、文件夹标签、文件夹夹子等。

3. 办公用纸：打印纸、复印纸、备忘录纸等。

4. 打印设备用品：打印机墨盒、打印机纸张等。

5. 清洁用品：纸巾、湿巾、洗手液、清洁剂、垃圾袋等。

6. IT设备：电脑、键盘、鼠标、显示器、网络设备等。

7. 办公家具：桌子、椅子、书柜、文件柜等。

此外，还可以根据办公室的需求增加其他必要用品，例如，会议用品、休息室用品等。

从以上的回答中可以看出，ChatGPT能够帮助我们发现一些平时容易忽略的办公用品。而在管理办公用品时，除了要保证用品的充足供应外，同时也要注意控制成本，合理规划采购计划，确保用品的品质和有效使用。

7.1.2 办公用品管理的表格

为了更好地管理办公用品，许多企业和组织使用电子表格来跟踪与管理其办公用品的库存及使用情况。在管理办公用品的过程中，需要用到哪些表格呢？来看一看ChatGPT会如何回答。

> 🗨 **提问：** 办公用品管理需要用到哪些表格？

⑤ChatGPT：

办公用品管理通常需要用到以下几种表格。

1. 订购申请表：用于员工向采购部门提交订购申请，包括需要订购的物品名称、数量和用途等信息。

2. 采购清单：采购部门根据订购申请表汇总后编制的清单，列出需要采购的物品名称、数量、单价和总价等信息。

3. 入库清单：在采购物品到货后，仓库管理员需要编制入库清单，记录物品名称、数量、规格、生产厂家等信息，并进行库存管理。

4. 领用申请单：当员工需要领取办公用品时，需要填写领用申请单，包括领用物品名称、数量、用途等信息，并由领用人和主管签字批准。

5. 盘点表：定期对办公用品进行盘点，记录物品名称、数量、规格、生产厂家等信息，并与库存进行核对，以确保库存准确无误。

6. 报废处理表：当办公用品已经过期或损坏无法使用时，需要进行报废处理，记录物品名称、数量、报废原因等信息，并经过相关部门审批后进行处理。

以上是一些常见的办公用品管理表格，不同公司或部门的具体管理需求可能有所不同，需要根据实际情况进行适当调整。

从以上的回答中可以看出，办公用品管理并不只是采购和发放，而涉及多方面的因素。管理好办公用品，不仅可以帮助企业实现办公用品的规范化管理和精细化控制，提高工作效率，还能降低管理成本，提升企业的整体竞争力。

7.1.3 办公用品管理的注意事项

为了更好地管理办公用品，我们可以在ChatGPT中搜寻办公用品管理的注意事项。

> ⑩ **提问**：办公用品管理的注意事项有哪些？

⑥ ChatGPT：

办公用品管理对企业的日常运营和员工的工作效率都有很大的影响。以下是一些办公用品管理的注意事项。

1. 制定规章制度：公司需要制定明确的规章制度，规范办公用品的采购、领用、归还、报废等流程和标准，确保管理有序和公平。

2. 定期盘点：定期对办公用品进行盘点，核对库存数量和质量，及时更新资产清单和采购计划，避免浪费和损失。

3. 统一采购：公司应该制定统一的采购政策和供应商管理制度，避免重复采购或采购质量差的办公用品。

4. 合理分配：根据员工实际需要和职务，合理分配办公用品，避免浪费和闲置，提高使用效率和成本控制。

5. 做好保养：办公用品需要定期保养和维护，例如，清洁打印机、更换电脑配件等，保证使用寿命和使用效果。

6. 严格审核：对于领用和报废申请，要严格审核，核对申请人的身份和申请用途，避免虚假申请和滥用办公用品。

7. 安全保密：对于涉及机密信息的办公用品，需要采取相应的安全措施和保密措施，保证信息安全性和保密性。

8. 做好培训：公司应该定期进行办公用品管理的培训和宣传，让员工了解相关规定和流程，提高管理水平和意识。

以上是一些办公用品管理的注意事项，

公司应该结合自身实际情况，制定合适的管理方案和措施，提高工作效率和管理水平。

从ChatGPT的回答中可知，在进行办

公用品管理时，我们需要注意的事项很多，只有在这些方面做到得当，才能更好地为公司和员工服务。

7.2 制作《办公室用品消耗分析表》

办公用品管理是文秘与行政工作中必须面对的事项，了解办公用品的消耗情况，可以在采购办公用品时按需购买，避免造成不必要的囤积。

本例将制作一份办公室用品消耗分析表，通过图表的形式，直观地了解办公用品的消耗比例，实例最终效果见"结果文件\第7章\办公室用品消耗分析表.xlsx"文件。

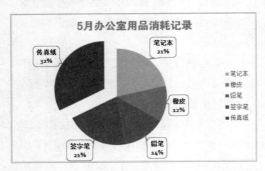

7.2.1 插入图表

在Excel中，图表是分析数据的有力工具之一，通过图表，可以直观地看到各类型的数据差距，插入图表的操作方法如下。

第1步 ▶ 打开"素材文件\第7章\办公室用品消耗分析表.xlsx"文件，❶按住【Ctrl】键选择A2:A7和C2:C7单元格区域；❷单击【插入】选项卡【图表】组中的【推荐的图

表】命令，如下图所示。

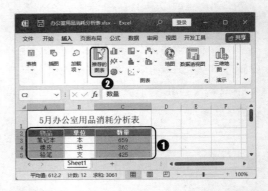

第2步 ▶ 打开【插入图表】对话框，❶在【推荐的图表】选项卡中列举了几种系统推荐的图表，选择其中一种图表；❷单击【确定】按钮，如下图所示。

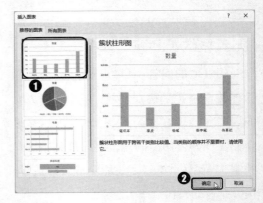

第3步 ▶ 操作完成后，即可在工作表中插入图表。选中图表，将图表拖动到合适的位置即可，如下图所示。

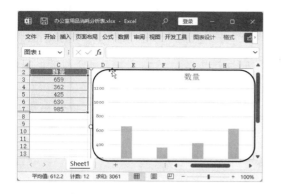

　　移动图表与移动图片的方法相同, 选中图表后, 将鼠标指针移动到图表上, 当鼠标指针变为时, 按下鼠标左键不放, 然后拖动鼠标, 即可移动。

7.2.2　更改图表类型

　　插入图表后, 如果对当前选择的图表类型不满意, 可以更改图表类型, 具体操作方法如下。

第1步 ● ❶选中图表; ❷单击【图表设计】选项卡【类型】组中的【更改图表类型】命令, 如下图所示。

第2步 ● 打开【更改图表类型】对话框, ❶在【所有图表】对话框中选择一种图表的类型; ❷在右侧选择图表的样式; ❸单击【确定】按钮, 如下图所示。

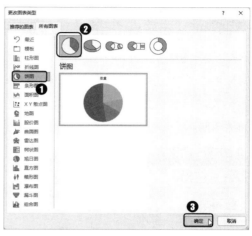

第3步 ● 返回工作表, 即可看到图表的类型已经更改, 如下图所示。

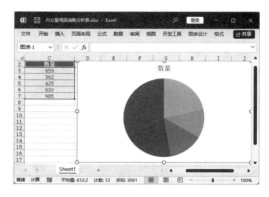

7.2.3　设置图表样式

　　图表插入时, 将以默认的样式显示, 该样式如果不能满足使用的需求, 可以根据实际情况设置图表样式。

1. 添加图表元素

图表元素包括图表标题、数据标签、数据表、图例等，可以通过【添加图表元素】菜单命令来完成添加，具体操作方法如下。

第1步 ❶选中图表；❷单击【图表设计】选项卡【图表布局】组中的【添加图表元素】下拉按钮；❸在弹出的下拉菜单中选择【数据标签】选项；❹在弹出的子菜单中选择一种数据标签样式，如【数据标注】命令，如下图所示。

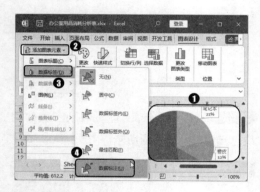

第2步 ❶再次单击【添加图表元素】下拉按钮；❷在弹出的下拉菜单中选择【图例】选项；❸在弹出的子菜单中选择图例的位置，如【右侧】，如下图所示。

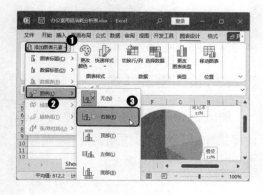

2. 更改图表颜色

当默认的图表颜色不能满足需求时，可以通过更改颜色命令，选择合适的图表颜色，具体操作方法如下。

第1步 ❶选中图表；❷单击【图表设计】选项卡【图表样式】组中的【更改颜色】下拉按钮；❸在弹出的下拉菜单中选择一种图表颜色，如下图所示。

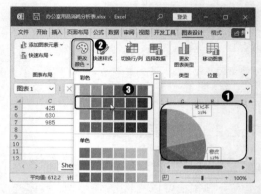

第2步 返回工作表，即可看到图表的颜色已经更改，如下图所示。

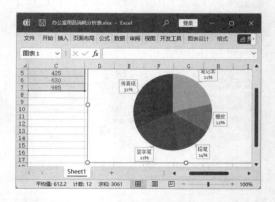

教您一招：自定义图表颜色

如果需要自定义图表颜色，可以在选中图表系列后，通过【格式】选项卡【形状样式】

组中的【形状填充】【形状轮廓】和【形状效果】下拉菜单,设置个性化的图表颜色。

3. 设置图表标签

图表标签可以显示图表系列的具体数值,如果不喜欢图表的默认标签样式,可以重新设置,具体操作方法如下。

第1步 ❶右击任意图表标签;❷在打开的快捷菜单中选择【更改数据标签形状】命令;❸在弹出的【数据标签形状】子菜单中选择一种标签形状,如下图所示。

第2步 保持所有图表标签的选中状态,在【格式】选项卡的【形状样式】组中选择一种形状样式,如下图所示。

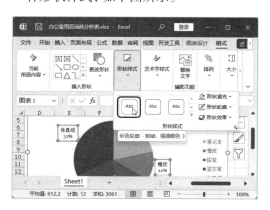

第3步 保持所有图表标签的选中状态,在【开始】选项卡【字体】组中单击【加粗】按钮 B,如下图所示。

7.2.4 设置饼图分离

在创建了饼图之后,所有的数据系列都是一个整体。如果要表现某个特殊的系列,也可以将其中的某一系列单独分离,具体操作方法如下。

第1步 ❶单击任意饼图扇区,然后再次单击需要分离的饼图扇区,选中该饼图后右击;❷在弹出的快捷菜单中选择【设置数据点格式】选项,如下图所示。

第2步 ▶ 打开【设置数据点格式】窗格，在【点分离】数值框中设置饼图分离的百分比即可，如下图所示。

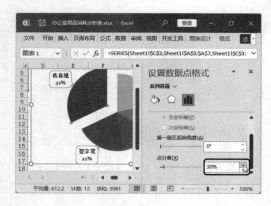

7.2.5 设置图表标题

系统自动识别添加的图表标题并不能代表图表的主题，为了更好地展现图表数据，需要对图表标题进行设置，具体操作方法如下。

第1步 ▶ 将鼠标指针定位到图表标题文本框中，删除原本的标题文本，输入需要的标题文本，如下图所示。

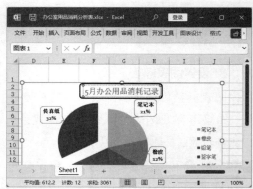

第2步 ▶ ❶选中图表标题；❷在【开始】选项卡【字体】组中设置文本样式，如下图所示。

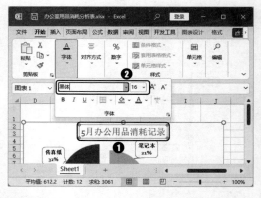

第3步 ▶ 保持图表标题的选中状态，在【格式】选项卡的【艺术字样式】组中选择一种艺术字样式，如下图所示。

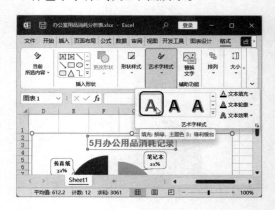

第4步▶ 操作完成后，即可看到图表的最终效果，如下图所示。

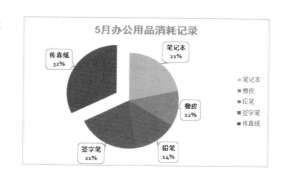

7.3 制作《办公设备折旧计算表》

办公设备属于固定资产的一部分，具有一定的使用寿命，在使用年限内，会有形或无形地损耗。而制作办公设备折旧表，可以将办公设备在使用年限内转化为现值，便于企业的资产管理。

本例将制作办公设备折旧表，如下图所示，在其中对单元格进行设置，并计算当月折扣值、累计折旧值和净残值，然后为表格添加底纹，实例最终效果见"结果文件\第7章\办公设备折旧表.xlsx"文件。

7.3.1 制作基本表格

在制作折旧表时，首先从创建表格开始，并对创建的表格进行格式设置，具体操作方法如下。

第1步▶ 新建一个名为"办公设备折旧

表.xlsx"的工作簿，❶在工作表中输入标题和折旧计算表的内容，然后选择A1:O1单元格区域；❷单击【开始】选项卡【对齐方式】组中的【合并后居中】按钮，如下图所示。

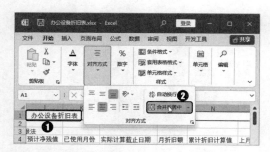

第2步 ▶ 保持合并单元格的选中，在【开始】选项卡【字体】组中设置字体样式，如下图所示。

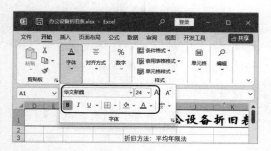

第3步 ▶ ❶选中A2:O28单元格区域；❷在【开始】选项卡【字体】组中设置字体样式，如下图所示。

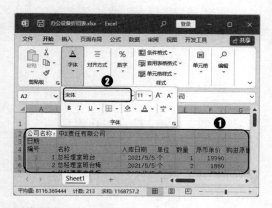

第4步 ▶ ❶选中A2:B2单元格区域；❷单击【开始】选项卡【对齐方式】组中的【合并后居中】按钮，如下图所示。

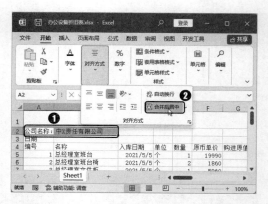

第5步 ▶ ❶保持合并单元格的选中，单击【开始】选项卡【字体】组中的【填充颜色】下拉按钮；❷在弹出的下拉菜单中选择一种填充颜色，如下图所示。

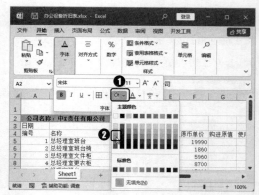

第6步 ▶ 选择B3单元格，按【Ctrl+;】组合键插入当前日期，如下图所示。

第7步 ▶ ❶选择A4:O28单元格区域；❷单击【开始】选项卡【字体】组中的【边框】下拉按钮；❸在弹出的下拉菜单中选择

【所有框线】命令，如下图所示。

第8步● 保持单元格区域的选中，单击【开始】选项卡【对齐方式】组中的【居中】按钮≡，如下图所示。

第9步● ❶选择 A4:O4 单元格区域，右击鼠标；❷在弹出的快捷菜单中选择【设置单元格格式】命令，如下图所示。

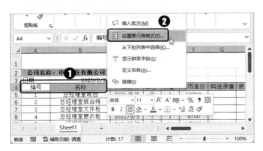

第10步● 打开【设置单元格格式】对话框，在【字体】选项卡中设置字体样式，如下图所示。

第11步● ❶切换到【填充】选项卡，选择一种填充颜色；❷单击【确定】按钮，如下图所示。

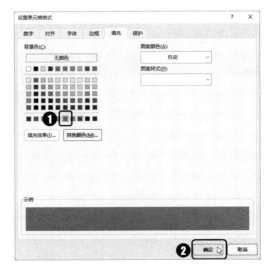

第12步● ❶选择 C5:C28 单元格区域；❷在【开始】选项卡【字体】组中设置字体颜色，如下图所示。

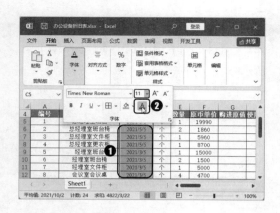

7.3.2 计算折旧值

常见的折旧方法包括平均年限法、工作量法、年数总和法和双倍余额法，其中最常用的是平均年限法。这种方法是指按固定资产使用年限平均计算折旧的方法。下面使用该方法对办公设备进行折旧计算。

第1步 ▶ 选择G5单元格，输入公式"=F5*E5"，如下图所示。

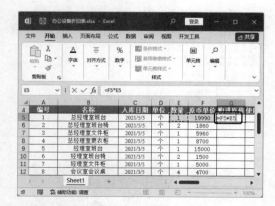

第2步 ▶ 按【Enter】键得到计算结果，拖动鼠标将公式复制到G6:G28单元格区域，如下图所示。

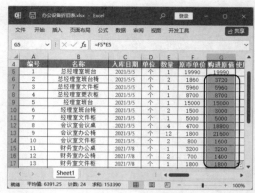

第3步 ▶ ❶选择G5:G28单元格区域；❷单击【公式】选项卡【函数库】组中的【自动求和】按钮∑，如下图所示。

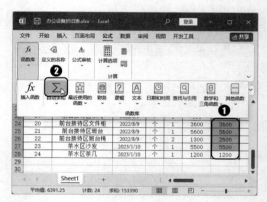

第4步 ▶ 即可在G29单元格自动求和购进原值的总值，如下图所示。

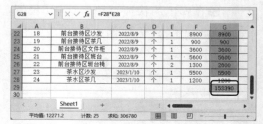

第5步 ▶ 在J5单元格中输入公式"=G5*I5"，如下图所示。

第6步▶ 按【Enter】键得到计算结果，拖动鼠标将公式复制到J6:J28单元格区域，计算出其他办公用品的预计净残值，如下图所示。

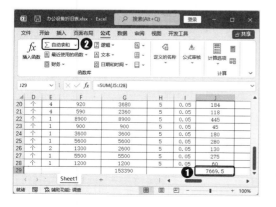

第7步▶ ❶选择J29单元格；❷单击【公式】选项卡【函数库】组中的【自动求和】按钮∑，计算出预计净残值总值，如下图所示。

第8步▶ 在K5单元格中输入公式"=IF(C5=0,0,(YEAR($B$3)-YEAR(C5))*12+MONTH($B$3)-MONTH(C5))"，按【Enter】键得到计算结果，然后将公式复制到K6:K28单元格区域，统计出办公设备的已使用月份，如下图所示。

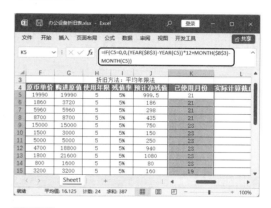

第9步▶ 在L5单元格中输入公式"=MIN($B$3,DATE(YEAR(C5)+H5,MONTH(C5),DAY(C5)))"，按【Enter】键得到计算结果，如下图所示。

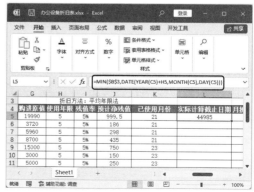

第10步▶ ❶选中L5单元格；❷单击【开始】选项卡【数字】组中的【数字格式】下拉按钮∨；❸在弹出的下拉菜单中选择【短日期】

选项，如下图所示。

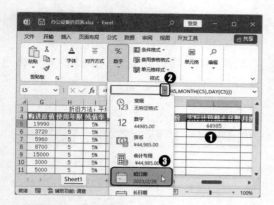

第11步▶ 将公式填充到L6:L28单元格区域，统计出其他办公设备的实际计算截止日期，如下图所示。

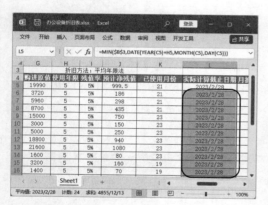

第12步▶ 在M5单元格中输入公式"=IF(H5=""",0, ROUND(G5*(1-I5)/(H5*12),2))"，按【Enter】键得到计算结果，并将公式填充到M6:M28单元格区域，如下图所示。

第13步▶ 选择M29单元格，单击【公式】选项卡【函数库】组中的【自动求和】按钮∑，计算出月折旧额总值，如下图所示。

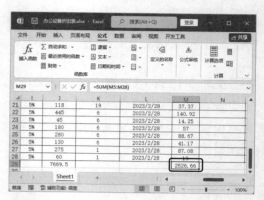

第14步▶ 在N5单元格中输入公式"=IF(M5*((YEAR(L5)-YEAR(C5))*12+MONTH(L5)-MONTH(C5))<0,0,M5*((YEAR(L5)-YEAR(C5))* 12+ MONTH(L5)-MONTH(C5)))"，按【Enter】键得到计算结果，并将公式填充到N6:N28单元格区域，如下图所示。

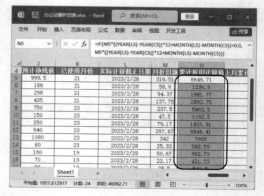

第15步▶ 选择N29单元格，单击【公式】选项卡【函数库】组中的【自动求和】按钮∑，计算出累计折旧计算值总值，如下图所示。

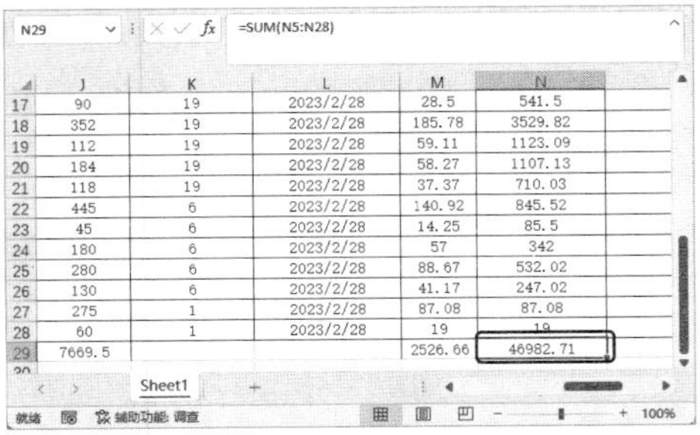

第16步● 在O5单元格中输入公式 "=IF(M5*((YEAR(L5)-YEAR(C5))*12+MONTH(L5)-MONTH(C5)-1)<0,0,M5*((YEAR(L5)-YEAR(C5))*12+MONTH(L5)-MONTH(C5)-1))", 按【Enter】键得到计算结果, 并将公式填充到O6:O28单元格区域, 如下图所示。

第17步● 选择O29单元格, 单击【公式】选项卡【函数库】组中的【自动求和】按钮∑, 计算出上月累计折旧计算值总值, 如下图所示。

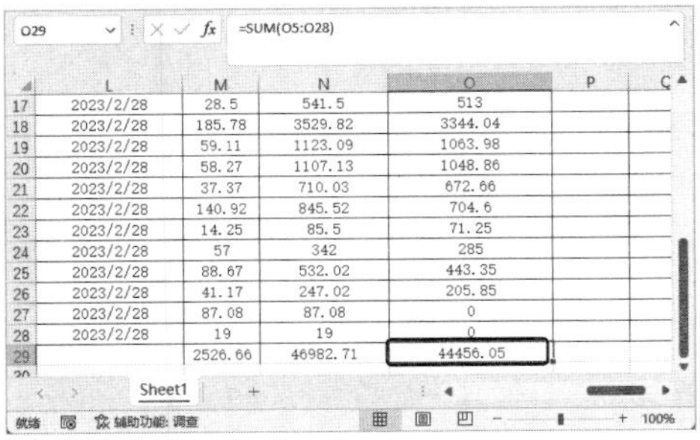

第18步● 在P5单元格中输入公式 "=IF(K5>

H5* 12,0,N5-O5)", 按【Enter】键得到计算结果, 并将公式填充到P6:P28单元格区域, 如下图所示。

第19步● 选择P29单元格, 单击【公式】选项卡【函数库】组中的【自动求和】按钮∑, 计算出本月折旧额总值, 如下图所示。

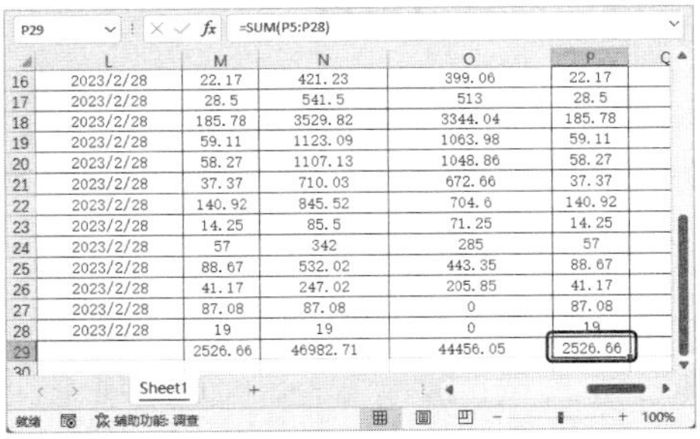

第20步● 在Q5单元格中输入公式 "=G5-N5", 按【Enter】键得到计算结果, 并将公式填充到Q6:Q28单元格区域, 如下图所示。

第21步● 选择Q29单元格, 单击【公式】选

项卡【函数库】组中的【自动求和】按钮∑，计算出净值总值，如下图所示。

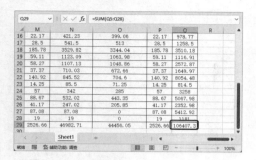

温馨提示

　　这里的净值又称为折余价值，是指固定资产原始价值减去已折旧后的净额。

7.3.3 规范折旧表

　　折旧表计算完成后，还可以为表格设置数字格式和底纹等，使表格更加规范，具体操作方法如下。

第1步 ❶选择F5:G29、J5:J29、M5:Q29单元格区域；❷单击【开始】选项卡【数字】组中的【会计数字格式】下拉按钮，❸在弹出的下拉菜单中选择【¥中文（中国）】选项，如下图所示。

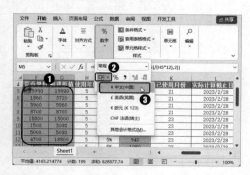

第2步 保持单元格区域的选中，❶单击

【开始】选项卡【字体】组中的【填充颜色】下拉按钮，❷在弹出的下拉菜单中选择一种填充颜色，如下图所示。

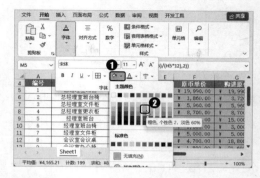

第3步 ❶选择C5单元格；❷单击【视图】选项卡【窗口】组中的【冻结窗格】下拉按钮；❸在弹出的下拉菜单中选择【冻结窗格】选项，如下图所示。

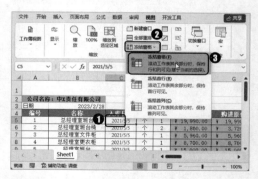

第4步 操作完成后，即可看到浏览表格时，冻结的行和列始终可见，如下图所示。

7.4 制作《办公用品申请单》

在文秘办公过程中，经常会使用到一些必需的办公用品，如订书机、打印机、纸张等。当现有的办公物品用完或不足时，就需要向相关部门提出申请，此时需要制作办公用品申请单。申请表的书写格式一般都是固定的，内容主要包括标题、称呼、正文、结尾和落款。本例将制作一个办公用品申请单，再将其打印使用。

本例首先制作一个办公用品申请单的模板，然后通过模板创建申请单，并打印申请单，实例最终效果见"结果文件\第7章\办公用品申请单.xlsx"文件。

	办公用品申请单						
部门	总经理办公室	申请人	刘三		日期		2023/5/6
使用范围		会议用品					
序号	申请物品	数量	单位		单价	价格	备注
1	档案袋	18	个		0.5	9	
2	回形针	12	筒		2.4	28.8	
3	长尾夹	12	筒		3.6	43.2	
4	桌面计算器	5	台		22	110	
5	中性笔	20	支		5	100	
6	固体胶	10	只		6	60	
7	饮用水	30	瓶		3	90	
总价格		441					
部门意见							
总经理意见							

7.4.1 制作申请单模板

本例将制作一个办公用品申请单模板，以方便日后申请办公用品时，可以直接调用模板并填写数据，提高办公效率。操作方法如下。

1. 制作申请单框架

办公用品申请单包含了部门、申请人、申请物品、数量等信息，下面介绍在申请单中建立框架的操作方法。

第1步 ▶ 新建一个空白工作簿，输入申请单内容，如下图所示。

第2步 ▶ ❶选择 A1:L2 单元格区域；❷单击【开始】选项卡【对齐方式】组中的【合并后居中】按钮，并使用相同的方法合并其他单元格，如下图所示。

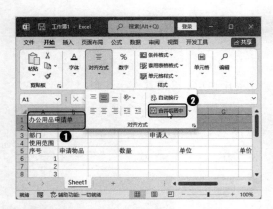

第3步 ❶选中A3:B4单元格区域；❷单击【开始】选项卡【对齐方式】组中的【合并后居中】下拉按钮；❸在弹出的下拉菜单中选择【跨越合并】选项，并使用相同的方法合并其他单元格，如下图所示。

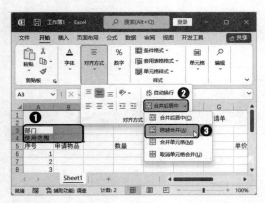

温馨提示 ▶

在需要合并大量单元格的表格中，用户可以综合利用合并后居中与跨越合并的方法，以提高合并效率。

第4步 ❶选中A3:L15单元格区域；❷单击【开始】选项卡【字体】组中的【边框】下拉按钮；❸在弹出的下拉菜单中选择【所有框线】命令，如下图所示。

第5步 ▶ 保持单元格区域的选中状态，单击【开始】选项卡【对齐方式】组中的【居中】按钮，如下图所示。

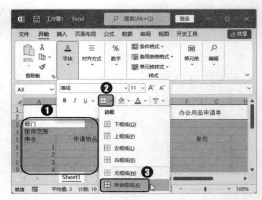

第6步 ▶ 在【开始】选项卡【字体】组中分别设置表格文本的字体、字号等参数，如下图所示。

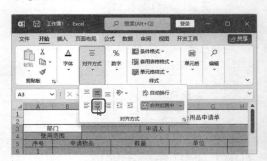

2. 将申请单保存为模板

办公用品申请单制作完成后,将其保存为模板,可以快速地根据该模板创建申请单,具体操作方法如下。

第1步 ● 单击快速访问工具栏中的【保存】按钮 📇,如下图所示。

第2步 ● 跳转到【文件】界面,并自动切换到【另存为】选项卡,在中间窗格选择【浏览】选项,如下图所示。

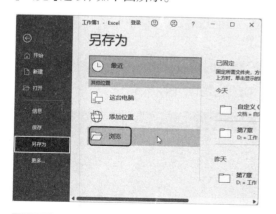

第3步 ● 打开【另存为】对话框,❶选择模板文件类型,本例选择【Excel模板(*.xltx)】选项;❷系统将自动定位到保存

模板的文件路径,直接单击【保存】按钮,如下图所示。

7.4.2 根据模板创建申请单

申请表模板制作完成后,就可以使用申请表模板创建一份办公用品申请单,在填写申请单时,可以通过插入单元格来创建一份完整的申请项目,并对费用进行估算,具体操作方法如下。

第1步 ● ❶启动 Excel 2021,选择【新建】命令;❷在右侧的【新建】窗格中选择【个人】选项卡;❸在下方可以看到创建的申请表模板,单击即可根据模板创建工作簿,如下图所示。

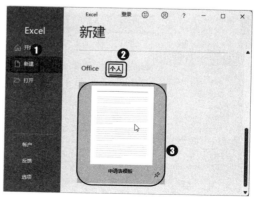

温馨提示 ●

　　在模板文件上右击，在打开的快捷菜单中单击【新建】命令，也可以根据模板创建工作簿。

第2步 ▶ 输入申请日期、部门、申请人等信息，如下图所示。

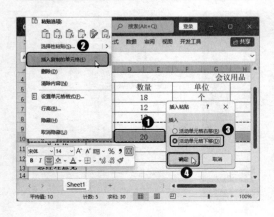

第3步 ▶ ❶选择A10:L10单元格区域，按下【Ctrl+C】组合键复制；❷右击第10行的行标，在弹出的快捷菜单中选择【插入复制的单元格】选项；❸在弹出的【插入粘贴】对话框中选择【活动单元格下移】选项；❹单击【确定】按钮，如下图所示。

教您一招：快速插入多行

　　如果想要快速插入多行，可以在选择多行后，再执行【插入复制的单元格】命令。

第4步 ▶ 使用相同的方法，插入足够数量要输入申请的办公用品的单元格，并输入数据，如下图所示。

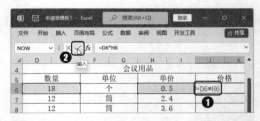

第5步 ▶ ❶选中J6单元格，在单元格中输入公式"=D6*H6"；❷单击【输入】按钮☑得出计算结果，如下图所示。

第6步 ▶ 选择J6单元格，拖动填充柄向下填充公式，如下图所示。

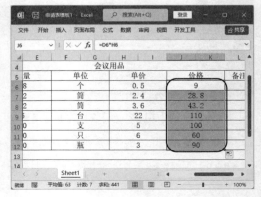

第7步 选中C13单元格，在单元格中输入公式"=SUM(J6:K12)"，按【Enter】键得出计算结果，如下图所示。

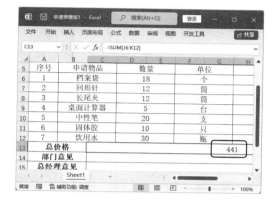

7.4.3 打印申请表

申请表填写完成后，需要打印出来，送到相关部门审批，在打印之前，首先需要设置相应的打印格式，具体操作方法如下。

第1步 ❶单击【页面布局】选项卡【页面设置】组中的【纸张方向】下拉按钮；❷在弹出的下拉菜单中选择【横向】命令，如下图所示。

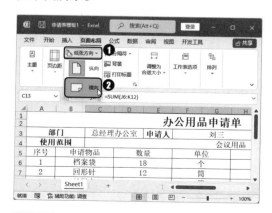

第2步 单击【页面布局】选项卡【页面

设置】组中的【页面设置】按钮 ，如下图所示。

第3步 打开【页面设置】对话框，❶在【页边距】选项卡的【居中方式】组中选中【水平】和【垂直】复选框；❷单击【打印预览】按钮，如下图所示。

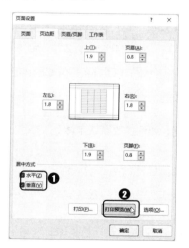

第4步 打开【打印】窗格，可以看到预览效果，设置纸张类型、打印份数等参数后，单击【打印】按钮即可打印申请表，如下图所示。

ChatGPT 答疑与点拨

通过前面知识的学习，相信读者朋友已经掌握了在办公用品管理中表格制作的要点，如插入图表分析、使用公式和函数计算、制作并使用模板等。下面结合本章内容，通过 ChatGPT 给读者介绍一些工作中常用的技巧，让你在管理过程中更加得心应手。

01 如何更改默认字体

在 Excel 2021 中创建工作簿时，默认使用的字体为"等线，11号"。如果想要更改默认的字体，可以问一问 ChatGPT 是如何操作的。

> 📢 **提问：** 如何更改默认字体？

⑤ChatGPT：

要更改 Excel 的默认字体，可以按照以下步骤进行操作。

1. 打开 Excel，并选择一个空白的工作簿。

2. 依次单击【文件】→【选项】→【常规】。

3. 在【常规】选项卡下，找到【新建工作簿时】。

4. 在下拉列表中选择所需的字体。

5. 单击【确定】按钮保存更改。

此时，你在新建的工作簿中所输入的内容，将会默认使用你刚刚选择的字体。请注意，这仅适用于新建的工作簿，对于已有的工作簿，需要手动更改字体。

从以上的回答中，我们找到了更改默认字体的方法，下面根据方法来进行实际操作。

打开【Excel 选项】对话框，❶切换到【常规】选项卡；❷在【新建工作簿时】栏中的【使用此字体作为默认字体】下拉列表中选择需要的字体，如【宋体】，在【字号】下拉列表中选择需要的字号，如【12】；❸单击【确定】按钮，如下图所示。

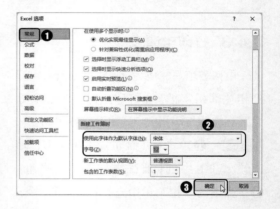

02 如何在表格中快速创建下拉列表

在录入固定数据时，通过设置下拉选择列表，可在输入数据时选择设置好的单元格内容，提高工作效率。现在来问一问 ChatGPT 如果要在表格中创建下拉列表，应该怎样操作。

> 📢 **提问：** 怎样在表格中创建下拉列表？

ChatGPT：

在 Excel 中，你可以通过数据验证功能创建下拉列表。具体步骤如下。

1. 选择你要创建下拉列表的单元格或单元格范围。

2. 在 Excel 菜单栏中选择【数据】选项卡。

3. 单击【数据验证】按钮，在弹出的对话框中选择【序列】选项。

4. 在【来源】文本框中输入你希望显示在下拉列表中的值，以逗号分隔。

5. 单击【确定】按钮，完成下拉列表的创建。

现在，你可以在单元格中单击下拉按钮，选择下拉列表中的任何值。

根据以上回答，如果要在表格中创建下拉列表，具体操作方法如下。

第1步 打开"素材文件\第7章\办公用品领用表.xlsx"文件，❶选中 A3:A7 单元格区域；❷单击【数据】选项卡【数据工具】组中的【数据验证】按钮，如下图所示。

第2步 打开【数据验证】对话框，❶在【设置】选项卡的【允许】列表中选择【序列】

选项；❷在【来源】文本框中输入要设置的下拉列表的项目，每个项目之间用英文的逗号间隔；❸单击【确定】按钮，如下图所示。

第3步 返回工作表，❶选中任意设置了数据验证的单元格，右侧将出现下拉按钮，单击该按钮；❷在弹出的下拉列表中选择即可输入，如下图所示。

03 快速为数据添加文本单位

在工作表中输入数据时，有时还需要为数字添加文本单位，若手动输入，不仅浪费时间，而且在计算数据时无法参与计算。此时问一问 ChatGPT 有没有更好的方法来完成这项工作。

💬 **提问：** 怎么统一为数据添加文本单位？

ChatGPT:

要为数据添加文本单位，你可以在单元格格式中使用自定义格式选项，具体步骤如下。

1. 选中需要添加文本单位的单元格或单元格区域。

2. 右击单元格并选择【格式单元格】选项。

3. 在【数字】选项卡中，选择【自定义】类别。

4. 在【类型】框中，输入数值和文本单位的组合。例如，如果要将数字"100"转换为"100 元"，则可以输入"0" 元""。

5. 单击【确定】按钮。

现在，选定的单元格中的数字值将自动附带你定义的文本单位。你可以复制并粘贴此单元格，以将其应用于其他单元格。

通过以上的回答，例如，要为数字添加文本单位【元】，具体操作方法如下。

第1步 ▶ 打开"素材文件\第7章\销售订单.xlsx"文件，❶选中要添加文本单位的单元格区域，本例中选择E5:E10和F5:F11两个区域；❷单击【开始】选项卡【数字】组中的【数字格式】按钮 ⌐，如下图所示。

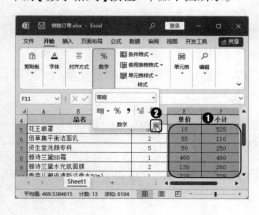

第2步 ▶ 打开【设置单元格格式】对话框，❶在【分类】列表框中选择【自定义】选项；❷在右侧【类型】文本框中输入【0元】；❸单击【确定】按钮，如下图所示。

第3步 ▶ 返回工作表，所选单元格区域自动添加了文本单位，如下图所示。

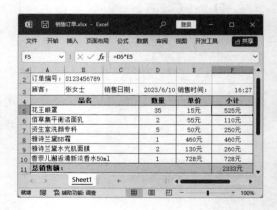

Excel

第8章

客户管理

本章导读

　　客户是企业发展不可或缺的元素，是企业的经济命脉，因此，客户的管理尤为重要。本章先通过ChatGPT让读者了解客户管理的基础知识，再通过Excel来制作《客户信息管理系统》《客户月拜访计划表》和《供应商列表》，介绍Excel在文秘与行政工作中客户管理的相关技能知识。

知识要点

- 录制宏命令
- 添加宏命令执行按钮
- 冻结窗格
- 添加与编辑批注
- 使用图片美化工作表
- 制定允许用户编辑区域

8.1 使用 ChatGPT 了解客户管理

客户管理是商业运营中至关重要的一环。无论是维护现有客户关系还是开发新客户，对企业的长期发展都至关重要。因此，建立和实施有效的客户管理系统是每个企业都必须重视的事情。在进行客户管理前，可以先通过ChatGPT来了解客户管理的基础知识，帮助你更好地管理客户。

8.1.1 客户管理注意事项

客户管理是企业发展过程中至关重要的一环。通过有效的客户管理，企业可以建立良好的客户关系，增加客户满意度，提高客户忠诚度，并最终实现业务增长。在进行客户管理时，可以通过ChatGPT询问相关的注意事项，牢记在心。

🔟 提问：客户管理需要注意的事项有哪些？

⑤ChatGPT：

客户管理是商业中非常重要的一环，需要注意以下事项。

1. 客户信息的准确性：客户信息的准确性对于客户管理至关重要，要保证客户信息的正确性和完整性，避免因为数据不准确而导致的业务风险。

2. 客户关系的维护：客户关系是客户管理的核心，需要持续维护和加强。可以通过定期回访客户、邮件沟通、客户满意度调查等方式来加强客户关系，增加客户黏性。

3. 客户分类的建立：根据客户的属性、

行业、规模等情况，可以将客户进行分类，以便更好地制定营销策略和服务方案。

4. 客户数据的安全：客户数据属于敏感信息，需要采取措施保护客户数据的安全，包括加密、备份、权限控制等方式。

5. 客户反馈的处理：客户反馈是客户管理中的重要环节，需要及时响应客户反馈，对于客户的投诉和建议要认真对待并及时处理，以提高客户满意度和维护良好的客户关系。

综上所述，客户管理是企业成功发展的关键之一。通过遵循上述注意事项，并结合实际情况制定适合自己企业的客户管理策略，企业可以建立稳固的客户关系，提高客户满意度。

8.1.2 客户管理需要记录的信息

在客户管理过程中，记录客户信息是非常必要的，这些信息可以帮助企业了解客户基本情况、客户需求及客户反馈等方面，从而更好地为客户提供服务。当不知道需要记录哪些信息时，可以在ChatGPT中进行提问，听取解答意见。

🔟 提问：客户管理需要记录的信息有哪些？

⑤ChatGPT：

客户管理需要记录的信息有很多，包括但不限于以下内容。

1. 客户基本信息：客户姓名、联系电话、邮箱、公司名称、职务、地址等。

2. 客户需求信息：客户所需产品或服务的具体要求、数量、交货期限、预算等。

3. 客户历史信息：客户以前的购买记录、投诉记录、售后服务反馈等。

4. 客户沟通信息：与客户沟通的时间、方式、沟通内容、沟通人员等。

5. 客户分类信息：根据客户的消费习惯、购买能力、地域等因素对客户进行分类。

6. 客户评价信息：对客户的满意度进行评价，以便为客户提供更好的服务。

7. 竞争对手信息：了解客户的竞争对手，以便更好地了解客户需求，提供更好的产品或服务。

8. 客户反馈信息：收集客户的反馈信息，包括产品或服务的质量、价格、售后服务等方面的反馈。

以上信息是客户管理中需要记录的基本信息，根据具体业务需要，还可以添加其他相关信息。

由以上的信息可以看出，客户信息的内容很多，但这些内容也是企业成功的关键之一，它可以帮助企业更好地了解市场和客户需求，从而制定出更为有效的市场营销策略，提升企业竞争力，需要用心记录。

8.1.3　保护客户信息

目前，客户信息泄露的风险越来越高，企业必须采取措施确保客户信息的保密性和安全性。在保护客户信息时，如果不知道应该注意哪些方面，可以在 ChatGPT 中寻找帮助。

> 🔟 **提问**：保护客户信息需要注意哪些方面？

ChatGPT：

保护客户信息需要注意以下方面。

1. 合法合规：在保护客户信息时，必须遵循相关的法律法规和行业规定，比如《中华人民共和国网络安全法》《中华人民共和国个人信息保护法》等。同时，在搜集、存储、处理、使用客户信息时必须得到客户的同意，并且不能超出事先告知的范围。

2. 数据安全：客户信息必须得到充分的保护，确保不会被非法获取、篡改、泄露等。采用加密技术、设置访问权限、安装防火墙等方法可以保障客户信息的安全。

3. 内部管理：保护客户信息不仅要从外部进行防范，还要从内部加强管理。比如，建立完善的数据安全管理制度和流程、限制员工的访问权限、定期进行数据备份和恢复等。

4. 保密意识：所有员工都应该具备保密意识，并接受相关的培训和指导。员工应该明白保护客户信息是企业的法律责任和社会责任，不得随意泄露、传播客户信息。

5. 处理客户投诉：如果客户对于信息泄露或处理不当有投诉，企业应该及时进行处理和回应。同时，应该设立专门的客户服务团队，提供快速有效的解决方案，让客户感受到企业对于客户信息保护的重视。

综上所述，建立严格的客户信息保护机制和政策，以及对员工进行相关培训和监督都是保护客户信息的重要手段。

8.2 制作《客户信息管理系统》

企业客户信息的管理尤为重要，在对客户信息进行管理时，通常需要对信息进行录入、查询和编辑修改等。当客户信息表中的数据填写完整后，为了快速将这些数据自动录入到客户信息总表中，可以利用宏命令对表格数据的完整性进行检测，并通过录制宏功能将信息自动录入总表数据中。而在填写新的客户信息时，需要将客户信息表中现有的数据清空，同样也可以使用宏命令快速清空数据。

本例将使用Excel制作一个简易的客户信息管理系统，通过单独的"客户信息表"，向"客户信息总表"中录入数据。制作完成后的效果如下图所示。实例最终效果见"结果文件\第8章\客户信息管理系统.xlsx"文件。

8.2.1 创建客户信息总表

为了方便客户信息数据的存储、查询与修改，可以将所有的客户信息保存于一个常规的数据表格中，也就是"客户信息管理总表"。

1. 制作基本表格

制作基本表格需要列举出各条客户信息所需要的字段，操作如下。

第1步 ❶新建一个名为"客户信息管理系统"的工作簿，在工作表中列举出各条客户信息所需要的字段；❷修改工作表的名称为"客户信息管理总表"，如下图所示。

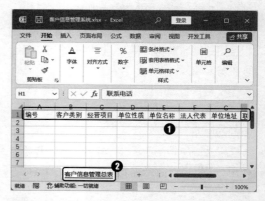

第2步 ❶选择前两行数据单元格区域，单击【开始】选项卡【样式】组中的【套用表格格式】下拉按钮；❷在弹出的下拉菜单中选择一种表格样式，如下图所示。

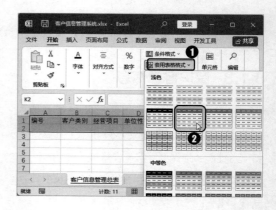

第3步 ❶在打开的【创建表】对话框中选中【表包含标题】复选框；❷单击【确定】按钮，如下图所示。

2. 编辑总表名称

将单元格区域套用上表格格式后，单元格区域将自动转换为表格元素，且以"表1"为表格名称，为方便后期应用公式对表格数据进行操作，可将表格名称修改为"总表"，具体操作方法如下。

第1步 单击【公式】选项卡【定义的名称】组中的【名称管理器】按钮，如下图所示。

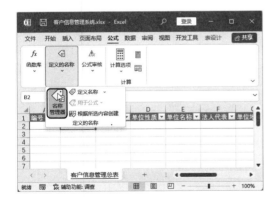

第2步 打开【名称管理器】对话框，❶选择列表框中的【表1】选项；❷单击【编辑】按钮，如下图所示。

第3步 ❶打开【编辑名称】对话框，在【名称】文本框中输入"总表"；❷单击【确定】按钮，如下图所示。

教您一招：名称管理器的作用

在Excel中，可以为指定的单元格或单元格区域自定义名称，定义名称后，在公式、函数或某些命令需要对这些单元格或单元格区域进行引用时，直接使用设定的名称即可。

8.2.2 制作"客户信息表"

为了使客户信息录入的过程更加方便，数据显示更加清晰，且防止在大量数据的表格中直接录入数据时导致一些不必要的错误，可以单独创建一个"客户信息表"，用于录入数据。

1. 制作基本表格并美化表格

首先要制作客户信息表的基本表格，并进行相应的美化设置，操作方法如下。

❶新建一个工作表，并重命名为"客户信息表"；❷在单元格区域中制作表格结构并添加相应的修饰；❸在表格顶部插入

艺术字，并设置艺术字效果，如下图所示。

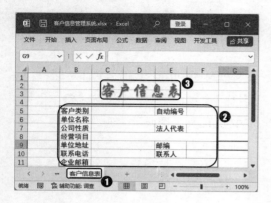

2. 设置数据验证

为了防止录入数据时单元格出现不必要的错误，可以针对部分有规则的单元格设置数据验证，具体操作方法如下。

第1步 ❶将鼠标指针定位到"客户类别"右侧的单元格中（具体单元格以个人情况为准，本例为C5）；❷单击【数据】选项卡【数据工具】组中的【数据验证】按钮，如下图所示。

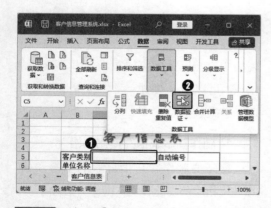

第2步 打开【数据验证】对话框，❶在【设置】选项卡中设置【允许】为【序列】，在【来源】文本框中输入"普通客户,VIP客

户"；❷单击【确定】按钮，如下图所示。

第3步 ❶将鼠标指针定位到"公司性质"右侧的单元格中，单击【数据】选项卡【数据工具】组中的【数据验证】按钮，打开【数据验证】对话框，在【设置】选项卡中设置【允许】为【序列】，在【来源】文本框中输入"国有企业,三资企业,集体企业,私营企业"；❷单击【确定】按钮，如下图所示。

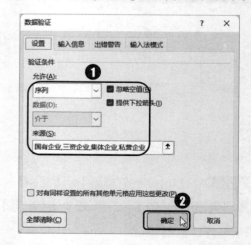

第4步 ❶将鼠标指针定位到"邮编"右侧的单元格中，单击【数据】选项卡【数

据工具】组中的【数据验证】按钮🗃,打开【数据验证】对话框,在【设置】选项卡中设置【允许】为【整数】,【最小值】为【100000】,【最大值】为【999999】; ❷单击【确定】按钮,如下图所示。

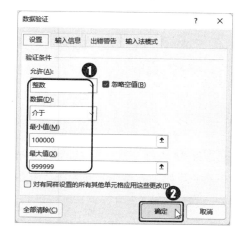

3. 添加自动编号公式

为了防止录入数据时单元格出现不必要的错误,可以针对部分有规则的单元格设置数据验证,具体操作方法如下。

在"客户信息表"中填写的客户信息,其编号应根据"客户信息总表"中的数据量进行编号,从而使新添加的编号与"客户信息总表"中的编号能连续。如果"客户信息总表"中已经有3条数据,那么新数据的自动编号数应为4。此时,可以使用自动编号由客户信息记录总数加1得到,具体操作方法如下。

将鼠标指针定位到"自动编号"右侧的单元格中,在编辑栏输入公式"=COUNT(总表[编号])+1",如下图所示。

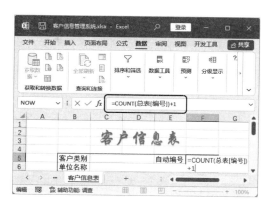

> **温馨提示●**
> 公式的意思为:统计表格"总表"中"编号"列中的数据个数并加1。

4. 添加公式检测表格的完整性

为了保证客户信息录入的完整性,可以添加公式对数据的完整性进行检测,具体操作方法如下。

第1步▶ 在表格下方的单元格中输入公式"=IF(AND(C5<>"",C6<>"",C7<>"",F7<>"",C8<>"",C9<> "",F9<>"",C10<>"",F10<>"",C11<>"")),"客户信息填写完整","客户信息填写不完整")",如下图所示。

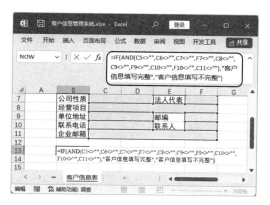

第2步 ▶ 该公式可以对表格中需要输入数据的单元格是否为空进行判断，并显示相应结果，如下图所示。

8.2.3 录制宏命令

在客户信息表中录制宏命令可以快速地录入数据和清除数据。

1. 录制自动录入数据的宏

为了实现自动将"客户信息表"中的数据录入到"客户信息总表"中，可以先将录入数据的过程录制为宏命令，具体操作方法如下。

第1步 ▶ ❶为了录制宏命令，可以先在"客户信息表"中录入一些示例数据；❷单击【状态栏】中的【录制宏】按钮，如下图所示。

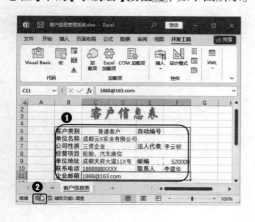

第2步 ▶ ❶打开【录制宏】对话框，在【宏名】文本框中输入"把数据录入表格"；❷单击【确定】按钮开始录制宏，如下图所示。

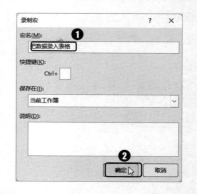

第3步 ▶ ❶选择"客户信息管理总表"；❷单击【开始】选项卡【单元格】组中的【插入】按钮，如下图所示。

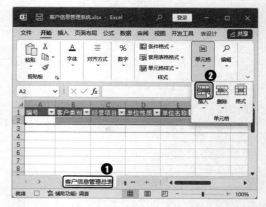

第4步 ▶ ❶选择"客户信息表"中的F5单元格；在【开始】选项卡的【剪贴板】组中单击【复制】按钮，如下图所示。

第5步 ❶选择"客户信息管理总表"中的A2单元格，单击【开始】选项卡【剪贴板】组中的【粘贴】下拉按钮；❷在弹出的下拉菜单中选择【值】命令，如下图所示。

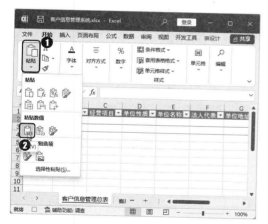

第6步 ❶使用相同的方法复制"客户信息表"中需要录入到"客户信息管理总表"中的数据，并粘贴到"客户信息管理总表"中第2行的相应列中；❷所有数据复制完成后，单击【状态栏】的【停止录制】按钮，完成当前宏的录制，如下图所示。

教您一招：处理执行宏命令时出现的错误

在录制宏命令的过程中，对工作表进行的操作都会被记录下来，如果在录制过程中出现错误操作或不合理的操作，都可能导致录制的宏在执行时出现错误。如果在录制过程中出现错误，可以在【宏】对话框中单击【删除】按钮，将该条宏命令删除，再重新录制。

2. 测试宏

当宏录制完成后，需要测试录制的宏的可执行性，具体操作方法如下。

第1步 ❶更改"客户信息表"中的信息；❷单击【开发工具】选项卡【代码】组中的【宏】按钮，如下图所示。

第2步 ❶打开【宏】对话框，选择录制的宏；❷单击【执行】按钮，如下图所示。

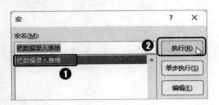

第3步 当宏命令执行完成后，在"客户信息管理总表"中将自动添加一条数据，该条数据即为更改后的"客户信息表"中的数据，如下图所示。

3. 录制清除数据的宏

为了方便录入新数据，还需要录入清除客户信息表的数据宏，具体操作方法如下。

第1步 单击【状态栏】中的【录制宏】按钮，如下图所示。

第2步 打开【录制宏】对话框，❶在【宏名】文本框中输入宏名为【清除数据】；❷单击【确定】按钮，如下图所示。

第3步 ❶删除客户信息表中需要手动填写的数据；❷单击【状态栏】中的【停止录制】按钮☐完成宏命令的录制，如下图所示。

8.2.4 添加宏命令执行按钮

应用表单控件中的按钮控件，可以快速添加按钮，并为其设置功能。下面介绍添加【录入数据】按钮和【清除数据】按钮的操作方法。

第1步 ❶单击【开发工具】选项卡【控件】组中的【插入】下拉按钮；❷在弹出的下拉菜单中选择【按钮（窗体控件）】按钮☐；❸在添加按钮的位置拖动鼠标绘制按钮，如下图所示。

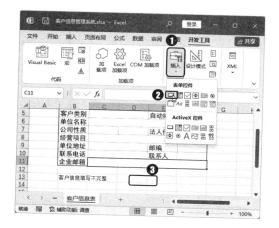

教您一招：显示【开发工具】选项卡

如果选项卡中没有【开发工具】选项卡，需要执行以下的操作来显示：切换到【文件】选项卡后，单击【选项】命令，在打开的【Excel选项】对话框中选择【自定义功能区】选项，在【主选项卡】列表框中选中【开发工具】复选框，然后单击【确定】按钮，即可显示【开发工具】选项卡。

第2步 ❶打开【指定宏】对话框，选择【把数据录入表格】宏命令；❷单击【确定】按钮，如下图所示。

第3步 ❶在按钮上右击；❷在弹出的快捷菜单中选择【编辑文字】命令，如下图所示。

第4步 按钮呈可编辑状态，将按钮名称更改为"录入数据"，如下图所示。

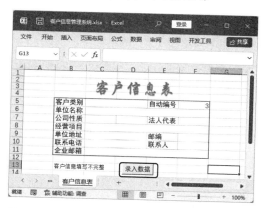

第5步 ❶使用相同的方法打开【指定宏】对话框，选择【清除数据】宏命令；❷单击【确定】按钮，如下图所示。

第6步 ▶ 将【清除数据】宏命令按钮文字修改为"清除数据"，如下图所示。

第7步 ▶ 取消选择【视图】选项卡【显示】组中的【网格线】复选框，如下图所示。

第8步 ▶ ❶在【文件】选项卡中选择【另存为】选项；❷在中间窗格中单击【浏览】命令，如下图所示。

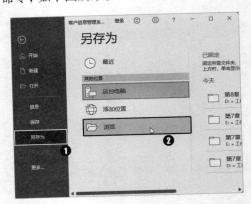

第9步 ▶ 打开【另存为】对话框，选择保存类型为【Excel启用宏的工作簿（*.xlsm）】；❷单击【保存】按钮，如下图所示。

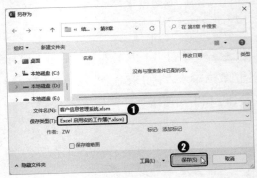

8.3 制作《客户月拜访计划表》

通过拜访客户可建立起与客户沟通的便捷渠道，增强合作交流。为了更加有效地展开客户拜访工作，营销部门需提前做好客户月拜访计划表，以保证客户拜访工作的顺利实施。

本例将制作客户月拜访计划表，制作完成后的效果如下图所示。实例最终效果见"结果文件\第8章\客户月拜访计划表.xlsx"文件。

客户月拜访计划表

日期　2023/6/28

客户名称	周拜访频率	1	2	3	4	5	6	7	8	9	10	11	12	13	14	15	16	17	18	19	20	21	22	23	24	25	26	27	28	29	30	31	合计
华X李X国	0.67			★														★											★				3
渝X张X军	1.11				★				★					★							★				★								5
天X刘X	0.22					★																											1
天X陈X	0.89						★													★						★							4
天X刘X华	0.22																		★														1
西X李光华	0.67		★	★																								★					3
西X彭X赵	0.67												★														★			★			4
华X秦X	0.67				★																												1
华X朱X	1.11			★																	★						★						5
华X包X	0.22													★																			1
天X王X佳	1.11			★			★															★								★			5
天X周X花	0.44													★																			2
光X李X兴	0.44					★																			★								2
光X刘X华	1.11		★		★											★					★												4
光X周X	0.89																★				★							★					4
蒙X历X花	0.67																										★						3
蒙X王X	1.11													★																			5
合计		0	0	4	2	4	4	1	0	5	3	1	3	2	0	4	1	2	0	3	0	1	2	2	2	3	1	0	3			

8.3.1　设置文档格式

制作客户月拜访计划表的第一步是输入基本信息，并适当设置表格格式，创建出基本框架。

月拜访计划表的表格需要包含拜访人、日期和拜访频率，内容输入完成后，还需要对表格进行相应的格式设置，以美化表格。

第1步 ▶ 新建一个名为"客户月拜访计划表"的工作簿，在工作表中输入基本数据内容，包含表格标题、客户名称、日期、合计等信息，如下图所示。

第2步 ▶ ❶选择 C1:AG21 单元格区域；

❷单击【开始】选项卡【单元格】组中的【格式】下拉按钮；❸在弹出的下拉菜单中选择【列宽】选项，如下图所示。

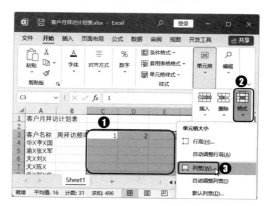

第3步 ▶ 打开【列宽】对话框，❶设置【列宽】为【2】字符；❷单击【确定】按钮，如下图所示。

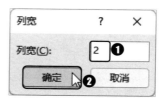

第4步 ▶ ❶选中 B 列；❷单击【开始】选项卡【单元格】组中的【格式】下拉按钮；

❸在弹出的下拉菜单中选择【自动调整列宽】选项，如下图所示。

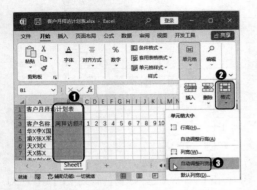

第5步 ❶选择A1:AH1单元格区域；❷在【开始】选项卡的【对齐方式】组中单击【合并后居中】按钮，如下图所示。

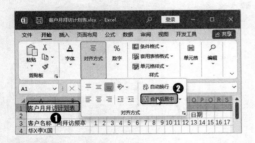

第6步 ❶选中合并后的A1单元格；❷在【开始】选项卡【字体】组中设置字体样式，如下图所示。

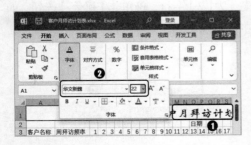

第7步 ❶按下【Ctrl】键选择A3:AH3、A4:A21、B21:AH21、AH4:AH20单元格区

域；❷单击【开始】选项卡【样式】组中的【单元格样式】下拉按钮；❸在弹出的下拉菜单中选择一种主题单元格样式，如下图所示。

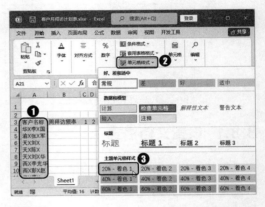

第8步 根据实际情况为日期的周六和周日设置另一种单元格样式，如下图所示。

第9步 选中合并日期后的单元格，并输入制表日期，如下图所示。

第10步 ● ❶选择A3:AH21单元格区域；❷单击【开始】选项卡【字体】组中的【边框】下拉按钮⊞▾；❸在弹出的下拉菜单中选择【所有框线】命令，如下图所示。

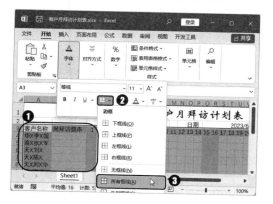

8.3.2 填写拜访计划表

表格的基本框架制作完成后，就可以开始填写拜访计划。

1. 插入特殊符号

用户可以根据公司的实际需要，为拜访日期添加特殊符号，以明确拜访的时间和拜访的客户，具体操作方法如下。

第1步 ● ❶将鼠标指针定位到需要拜访的客户行和日期列交叉处的单元格；❷单击【插入】选项卡中的【符号】按钮，如下图所示。

第2步 ● 打开【符号】对话框，❶选中要插入的符号；❷单击【插入】按钮，然后关闭对话框，如下图所示。

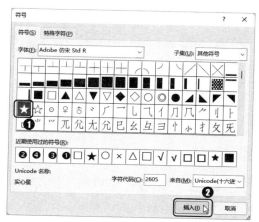

温馨提示 ●

在【符号】对话框的【字体】下拉列表中选择不同的字体，在下方的列表中会有不同的符号可供选择。

第3步 ● ❶在返回的工作表中能看到插入的符号，选中符号所在的单元格；❷在【开始】选项卡中单击【字体颜色】下拉按钮▲▾；❸在弹出的下拉菜单中选择一种符号颜色，如下图所示。

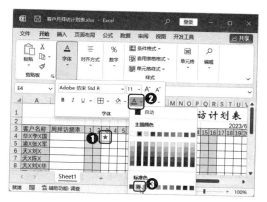

第4步 ▶ 使用相同的方法添加其他符号即可，效果如下图所示。

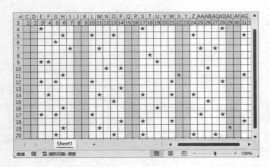

2. 使用公式计算拜访信息

符号插入完成后，可以通过公式计算出客户的拜访合计和拜访频率。计算完成后，可以根据计算的结果合理地调整拜访计划，具体操作方法如下。

第1步 ▶ ❶ 在 AH4 单元格中输入公式"=COUNTIF (C4:AG4," ★ ")"，按下【Enter】键确认；❷ 选中 AH4 单元格，将鼠标指针指向单元格右下角，当鼠标指针呈十字形状时，按住鼠标左键，拖动到适当位置释放鼠标，使用填充柄功能复制公式，如下图所示。

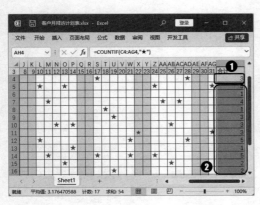

第2步 ▶ 在 C21 单元格中输入公式"=COUNTIF(C4:C20," ★ ")"，按下【Enter】键确认，后选中 C21 单元格，将鼠标指针指向单元格右下角，当鼠标指针呈十字形状时，按住鼠标左键，拖动到适当位置释放鼠标，使用填充柄功能复制公式，如下图所示。

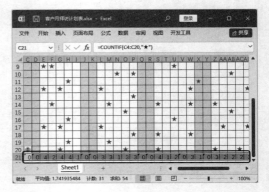

第3步 ▶ 在 B4 单元格中输入公式"=AH4/4.5"，按下【Enter】键确认，然后选中 B4 单元格，将鼠标指针指向单元格右下角，当鼠标指针呈十字形状时，按住鼠标左键，拖动到适当位置释放鼠标，使用填充柄功能复制公式，如下图所示。

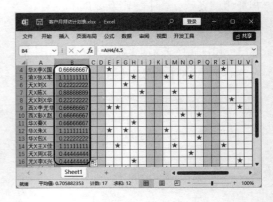

第4步 ❶选中B4:B20单元格区域；❷在【开始】选项卡的【数字】组中多次单击【减小小数位数】按钮，设置将小数位数保留2位即可，如下图所示。

8.3.3 冻结窗格

当表格中含有大量的数据信息，窗口显示不便于用户查看时，可以拆分或冻结工作表窗格，具体操作方法如下。

第1步 ❶选中B4单元格；❷在【视图】选项卡的【窗口】组中单击【冻结窗格】下拉按钮；❸在弹出的下拉菜单中选择【冻结窗格】命令，如下图所示。

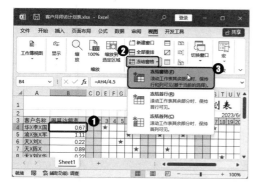

第2步 操作完成后，拖动垂直与水平滚

动条，可以看到工作表中A列及第1~3行的部分保持不变，如下图所示。

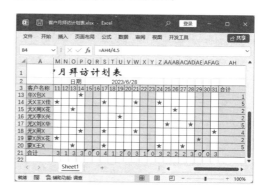

8.3.4 添加与编辑批注

批注是附加在单元格中的，它是对单元格内容的注释。使用批注可以使工作表的内容更加清楚明了。添加与编辑批注的具体操作方法如下。

1. 添加批注

批注可以补充单元格的内容，添加批注的操作方法如下。

第1步 ❶在工作表中，选中要添加批注的单元格；❷单击【审阅】选项卡【批注】组中的【新建批注】按钮，如下图所示。

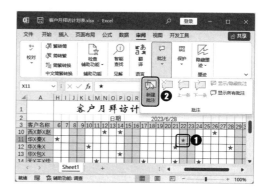

第2步 ▶ 此时单元格中的批注框将显示出来，并处于可编辑状态，可根据需要输入批注内容进行编辑，如下图所示。

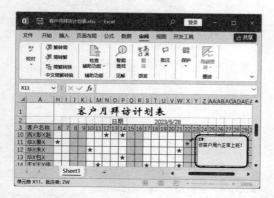

第3步 ▶ 输入完毕后，单击工作表中的其他位置，即可退出批注的编辑状态。由于默认情况下批注为隐藏状态，在添加了批注的单元格的右上角会出现一个红色的小三角，将鼠标指针指向单元格右上角的红色小三角，可以查看被隐藏的批注，如下图所示。

教您一招：显示批注

选中批注所在单元格，右击，在弹出的快捷菜单中单击【显示/隐藏批注】命令，即可设置始终显示被隐藏的批注。

2. 复制批注

如果其他单元格也需要相同的批注，可以使用复制的方法复制批注，具体操作方法如下。

第1步 ▶ ❶选中要复制批注所在的单元格，如单元格AE19，按下【Ctrl+C】组合键复制批注，然后选中目标单元格；❷单击【开始】选项卡【剪贴板】组中的【粘贴】下拉按钮；❸在弹出的下拉菜单中选择【选择性粘贴】命令，如下图所示。

第2步 ▶ 打开【选择性粘贴】对话框，❶选择【批注】单选项；❷单击【确定】按钮，如下图所示。

第3步 ▶ 返回工作表，可以看到单元格中的批注被复制到了目标单元格中，如下图所示。

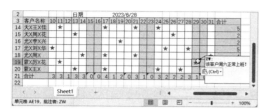

教您一招：隐藏批注

设置显示批注后，选中批注所在单元格，右击，在弹出的快捷菜单中单击【显示/隐藏批注】命令，即可重新隐藏始终显示的批注。

3. 编辑批注

如果对添加的批注不满意，也可以编辑批注，具体操作方法如下。

第1步 ▶ ❶在工作表中，右击需要修改批注的单元格；❷在弹出的快捷菜单中单击【编辑批注】命令，如下图所示。

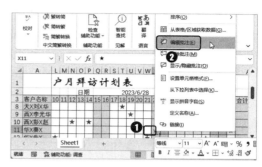

第2步 ▶ 此时单元格中的批注显示出来，并处于可编辑状态，可根据实际情况输入批注内容进行编辑。输入完毕后，单击工作表中的其他位置，即可退出批注的编辑状态，如下图所示。

教您一招：删除批注

如果需要删除批注，使用鼠标右击需要删除批注的单元格，在弹出的快捷菜单中单击【删除批注】命令，即可删除单元格中的批注。

8.4 制作《供应商列表》

在供应商列表中，不仅可以查看供应商的名称、公司成立的时间和联系电话等，还记录了供货项目、供应商信誉等情况。有了这个列表，销售人员就可以很容易查找不同供应商的联系方式，以确保销售商品的正常供应。

本例将使用Excel制作供应商列表，制作完成后的效果如下图所示。实例最终效果见"结果文件\第8章\供应商列表.xlsx"文件。

	A	B	C	D	E	F	G	H
1	供应商资料表							
2	供应商编号	供应商名称	公司成立时间	联系人	联系电话	供货项目	供应商信誉	通讯地址
3	1	成X食品批发中心	2003年	李X兴	1888888XXXX	小食品、饮料	★★★★★	重庆天府路
4	2	天X批发超市	2005年	王X有	1877777XXXX	雪糕、冷饮	★★★	重庆红石路
5	3	兴X贸易有限公司	2005年	金X	1866666XXXX	进口零食、饮料	★★★★★	成都玉林南路
6	4	中X超市	2003年	李X兴	1855555XXXX	酒、日常生活用品	★★★★	万州兴国路
7	5	云X实业有限公司	2002年	林X财	1355555XXXX	生鲜	★★★★★	成都东路
8	6	平X贸易有限公司	2009年	周X	1366666XXXX	蔬菜	★★★	重庆建兴东路
9	7	明X批发中心	2003年	王X用	1377777XXXX	牛、羊、猪、兔肉类	★★★★★	重庆扬家坪正街
10	8	路X通烟酒茶批发中心	2005年	陈X莉	1388888XXXX	烟、酒、茶	★★★★	重庆大坪正街
11	9	海X食品批发超市	2008年	刘X	1399999XXXX	调料	★★★★★	成都西门大街
12	10	摩X商超连锁	2009年	张X	1899999XXXX	水果	★★★★★	成都站东路

8.4.1 创建供应商列表

下面将在新建的工作簿中创建供应商列表的基本框架，并输入数据和插入符号填充表格数据，然后对表格的格式进行相应的设置。

1. 制作基本表格

制作基本表格需要录入供应商的数据信息，具体操作方法如下。

第1步 ❶新建一个名为"供应商列表"的工作簿，在工作表中输入需要的文本，选择A1:H1单元格区域；❷单击【开始】选项卡【对齐方式】组中的【合并后居中】按钮国，如下图所示。

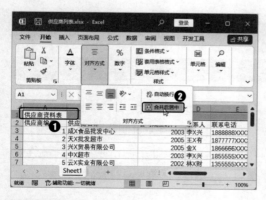

第2步 ❶选择A1单元格，在【开始】选

项卡【字体】组中设置字体格式；❷单击【填充颜色】下拉按钮 ；❸在弹出的下拉菜单中选择一种填充颜色，如下图所示。

第3步 ❶选择A2:H2单元格区域；❷在【开始】选项卡【字体】组中设置字体格式，如下图所示。

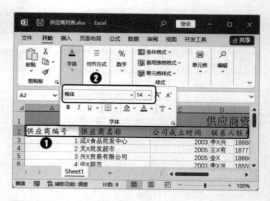

第4步 ❶选择所有数据区域；❷单击

【开始】选项卡【对齐方式】组中的【左对齐】按钮，如下图所示。

2. 快速添加文本内容

在单元格中输入数据后，如果想要给多个单元格添加相同的文本，可以使用以下的方法快速添加。

第1步 ❶选择 C3:C12 单元格区域，右击鼠标；❷在弹出的快捷菜单中选择【设置单元格格式】命令，如下图所示。

第2步 打开【设置单元格格式】对话框，❶在【分类】列表框中选择【自定义】；❷在【类型】文本框下方的列表框中选择【G/通用格式】选项，在文本框文本内容后方输入

"年"；❸单击【确定】按钮，如下图所示。

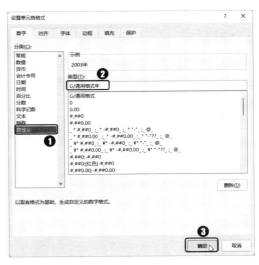

3. 插入特殊符号

在制作表格时，有时需要插入特殊符号，具体操作方法如下。

第1步 ❶选择 G3 单元格；❷单击【插入】选项卡【符号】组中的【符号】按钮，如下图所示。

第2步 打开【符号】对话框，❶选择适合的符号；❷单击 5 次【插入】按钮，插入符号后，【取消】按钮将变为【关闭】按钮，

单击【关闭】按钮返回工作表，如下图所示。

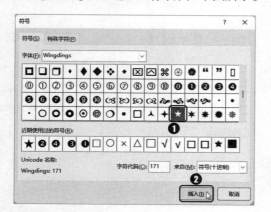

第3步 ▶ 填充该单元格的内容到G4:G12单元格区域，如下图所示。

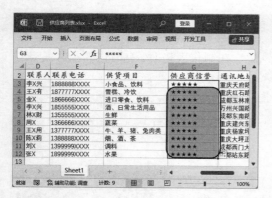

第4步 ▶ 根据实际情况，将G3:G12单元格中的多余符号删除，如下图所示。

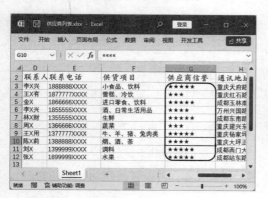

4．添加边框

为表格添加边框可以更清楚地查看表格中的数据，具体操作方法如下。

第1步 ▶ ❶选择A1:H12单元格区域；❷单击【开始】选项卡【字体】组中的【边框】下拉按钮 ▼ ；❸在弹出的下拉菜单中选择【所有框线】选项，如下图所示。

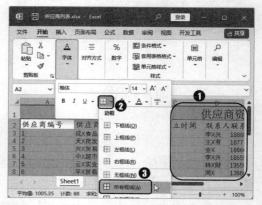

第2步 ▶ ❶选择A2:H12单元格区域；❷单击【开始】选项卡【字体】组中的【边框】下拉按钮 ▼ ；❸在弹出的下拉菜单中选择【粗外侧框线】选项，如下图所示。

8.4.2　使用图片美化工作表

供应商列表制作完成后，可以为工作表添加图片背景，以美化工作表。可以使用本地图片，也可以从图片库中搜索下载图片，操作方法如下。

第1步 ●❶切换到【页面布局】选项卡；❷单击【页面布局】选项卡中【页面设置】组中的【背景】按钮，如下图所示。

教您一招：删除工作表背景

如果要删除设置的工作表背景，则单击【页面布局】选项卡中【页面设置】组中的【删除背景】按钮即可。

第2步 ● 打开【插入图片】对话框，单击【从文件】右侧的【浏览】链接，如下图所示。

第3步 ● 打开【工作表背景】对话框，❶选择"素材文件\第8章\背景.jpg"背景图片；❷单击【插入】按钮，如下图所示。

第4步 ● 返回工作表中即可看到使用了图片背景后的效果，如下图所示。

8.4.3　制定允许用户编辑区域

工作表制作完成后，为了避免他人误操作，修改了工作表中的数据，可以为工作表设置可编辑区域，可编辑区域之外的单元格均不可随意修改，操作方法如下。

第1步 ● 单击【审阅】选项卡【保护】组中的【允许编辑区域】命令，如下图所示。

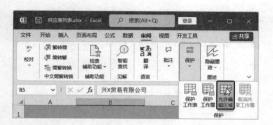

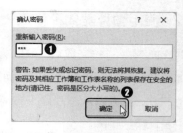

第2步 ▶ 打开【允许用户编辑区域】对话框，单击【新建】按钮，如下图所示。

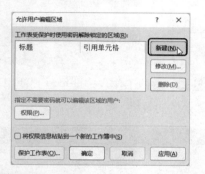

第5步 ▶ 返回【允许用户编辑区域】对话框，单击【保护工作表】按钮，如下图所示。

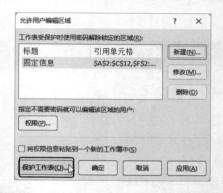

第3步 ▶ 打开【新区域】对话框，❶在【标题】文本框中输入"固定信息"文本；❷在【引用单元格】折叠框中选择A2:C12和F2:G12单元格区域；❸在【区域密码】文本框中输入密码，本例输入"123"；❹单击【确定】按钮，如下图所示。

第6步 ▶ ❶打开【保护工作表】对话框，在【取消工作表保护时使用的密码】文本框中输入密码；❷在下方的【允许此工作表的所有用户进行】列表框中选中【选定锁定的单元格】和【选定解除锁定的单元格】；❸单击【确定】按钮，如下图所示。

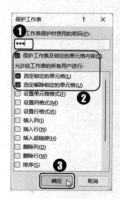

第4步 ▶ ❶打开【确认密码】对话框，在文本框中再次输入密码；❷单击【确定】按钮，如下图所示。

第7步 ▶ 弹出【确认密码】对话框，❶再次输入密码；❷单击【确定】按钮，如下图所示。

第8步 ▶ 返回工作表中，双击保护区域任意单元格，会弹出【取消锁定区域】对话框，❶在【请输入密码以更改此单元格】文本框中输入密码；❷单击【确定】按钮即可更改该区域的数据，如下图所示。

ChatGPT 答疑与点拨

通过前面知识的学习，相信读者朋友已经掌握了在客户管理工作中的相关方法，如录制宏命令、添加宏命令执行按钮、冻结窗格、添加批注、使用图片美化工作表等。下面结合本章内容，让ChatGPT给读者介绍一些客户管理工作中的小技巧，从而帮助你更好地管理各项事务。

01 对手机号码进行分段显示

手机号码由11位构成，在查看手机号码时，11位数字容易混淆，为了使手机号码更易读，在录入手机号码时，可以问一问ChatGPT如何对手机号码进行分段显示。

🗨 提问：如何对手机号码进行分段显示？

✴ ChatGPT：

在Excel中将手机号码分段显示可以通过以下步骤来实现。

1. 选中需要分段显示的单元格。

2. 在公式栏中输入以下公式: =TEXT(A1, "000-0000-0000")，其中，A1为需要分段显示的手机号码所在的单元格，"000-0000-0000"为想要分段显示的格式，可以根据需要进行更改。

3. 按下【Enter】键，即可将手机号码分段显示。

另外，也可以使用【设置单元格格式】对话框来设置单元格格式，具体步骤如下。

1. 选中需要分段显示的单元格。

2. 右击选中单元格，在弹出的菜单中选择【设置单元格格式】选项。

3. 在【设置单元格格式】对话框中，选择【自定义】选项卡。

4. 在【类型】框中输入以下格式代码: 000-0000-0000。

5. 单击【确定】按钮，即可将手机号码分段显示。

根据ChatGPT的回答，本例使用第2种方法来将手机号码分段显示。在打开【设置单元格格式】对话框时，除了可以使用

ChatGPT提供的方法外，还可以通过功能扩展按钮来实现，具体操作方法如下。

第1步 ❶打开"素材文件\第8章\员工信息表.xlsx"文件，选中I3:I20单元格区域；❷单击【开始】选项卡【数字】组中的数字格式按钮，如下图所示。

第2步 打开【设置单元格格式】对话框，❶在【数字】选项卡的【分类】列表中选择【自定义】选项；❷在【类型】文本框中输入"000-0000-0000"；❸单击【确定】按钮，如下图所示。

第3步 返回工作表中即可看到所选数据已经分段显示，如下图所示。

02 快速隐藏单元格中的零值

默认情况下，在工作表中输入"0"，或公式的计算结果为"0"时，单元格中都会显示零值。为了醒目和美观，可以让ChatGPT告诉我们，如何将零值隐藏起来。

提问： 如何隐藏单元格中的零值？

ChatGPT：

如果你想在 Excel 中隐藏工作表单元格中的零值，可以按照以下步骤进行操作：

1. 选中需要进行零值隐藏的单元格区域。

2. 单击【开始】选项卡中的【条件格式】按钮。

3. 在弹出的菜单中选择【新建规则】。

4. 在【新建格式规则】对话框中，选择【仅对包含以下单元格值】。

5. 在【格式值】框中输入【0】（不含引号）。

6. 单击【格式】按钮，选择【数字】选项卡。

7. 在【数字】选项卡中，选择【自定义】。

8. 在【类型】框中输入"::::"（不含引号），然后单击【确定】按钮。

9. 单击【确定】按钮，然后在【应用格式规则于】框中选择【单元格值】或【单元格区域】。

10. 单击【确定】按钮。

这样，你就成功地隐藏了工作表单元格中的零值。请注意，这些单元格仍然包含零值，只是看起来被隐藏了。

> 🔟 **提问：** 能否在【Excel选项】对话框中设置隐藏零值？

⑤ ChatGPT：

可以在【Excel选项】对话框中设置，具体步骤如下。

1. 单击Excel界面左上角的【文件】选项卡。

2. 单击【选项】按钮，进入【Excel选项】对话框。

3. 在【Excel选项】对话框的左侧导航栏中，选择【高级】选项。

4. 在右侧窗口中，向下滚动找到【显示】选项卡，然后找到【在单元格中显示零值】选项。

5. 取消该选项前面的勾选，然后单击【确定】按钮。

这样就可以隐藏所有单元格中的零值了。注意，该设置将对整个Excel工作簿生效。如果需要在单独的工作表或单元格中隐藏零值，可以使用条件格式或自定义格式等其他方法实现。

通过以上的回答，如果想要隐藏单元格中的零值，具体操作方法如下。

第1步 ▶ 打开"素材文件\第8章\销售清单.xlsx"，❶打开【Excel选项】对话框，切换到【高级】选项卡；❷在【此工作表的显示选项】栏中，取消勾选【在具有零值的单元格中显示零】复选框；❸单击【确定】按钮，如下图所示。

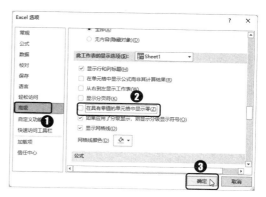

第2步 ▶ 返回工作表，即可看到计算结果为"0"的数据已经隐藏，如下图所示。

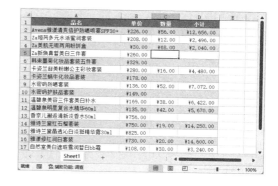

03 选中所有数据类型相同的单元格

在编辑工作表的过程中，若要对数据类型相同的多个单元格进行操作，就需要先选中这些单元格，除了通过常规的操作

方法逐个选中外，不知道 ChatGPT 有没有
其他方法选中数据类型相同的单元格。

> 🔖 **提问**：怎么选中所有数据类型相同的单
> 元格？

⑤ChatGPT：

你可以通过以下步骤来选中所有数据类
型相同的单元格。

1. 选中需要筛选的数据范围。

2. 在【开始】选项卡中，单击【查找和
选择】。

3. 选择【按单元格格式查找】。

4. 在【查找和替换】对话框中，选择【单
元格格式】选项卡。

5. 选择需要查找的单元格格式，比如数
字格式或文本格式。

6. 单击【查找全部】按钮，Excel 会列
出所有符合条件的单元格。

7. 按下【Ctrl+A】组合键，选中所有符
合条件的单元格。

此时，所有数据类型相同的单元格都被
选中了。你可以根据需要进行进一步的操作，
比如格式化这些单元格或进行计算。

结合 ChatGPT 提供的方法，在实际应
用时，还可以使用【定位条件】对话框，也
可以选中所有类型相同的单元格，具体操
作方法如下。

第1步 ► 打开"素材文件\第8章\客户月
拜访计划表.xlsx"文件，❶在【开始】选项
卡中单击【编辑】组中的【查找和选择】按
钮；❷在弹出的下拉列表中单击【定位条
件】选项，如下图所示。

第2步 ► ❶弹出【定位条件】对话框，设
置要选择的数据类型，本例中选中【批注】
单选项；❷单击【确定】按钮，如下图所示。

第3步 ► 操作完成后，即可看到所有包含
批注的单元格已经被选中，如下图所示。

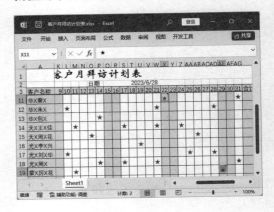

Excel

第 9 章

采购与库存管理

本章导读

　　在文秘与行政工作中，有时也会兼具采购和管理库存的职责，合理调配采购与库存的资源，可以保证物品的正常流通，从而便于工作的展开。本章先通过ChatGPT让读者学习和掌握采购与库存管理的基础知识，再通过Excel来制作《办公用品采购表》《商品库存管理表》和《安全库存量预警表》，讲解Excel在采购与库存管理中的实操技能。

知识要点

- 排序数据序列
- 按类别汇总总价金额
- 制作重填和入库按钮
- 使用公式和函数
- 设置条件格式

9.1 使用 ChatGPT 了解采购与库存管理

采购和库存管理工作有一些共通点，它们都是企业物资管理的核心环节，都需要控制物资的数量和质量，并且需要及时进行补充和更新。在具体实践中，采购和库存管理的工作也有一定的重叠，比如采购部门需要根据库存情况来进行采购计划，而库存管理部门需要根据采购情况来及时更新库存数据。在进行采购与库存管理时，有很多细节需要注意，此时可以通过 ChatGPT 了解相关内容，从而避免发生错漏。

9.1.1 了解采购的工作内容

采购的工作内容涉及面较广，需要有专门的人员进行管理和协调，以确保采购工作的高效性和准确性。所以，在进行采购工作之前，可以先通过 ChatGPT 了解采购工作的具体内容。

> 💬 **提问：** 采购工作的具体内容有哪些？

ChatGPT：

采购工作通常包括以下内容。

1. 采购计划制订：根据企业的经营计划和市场需求，制订采购计划，明确采购的数量、品种、质量等要求。

2. 供应商评估：评估供应商的资质、信誉、生产能力、质量控制能力、服务水平等，选择合适的供应商。

3. 询价、比价和议价：与供应商进行沟通和谈判，获取价格和交货条件等方面的信息，以便做出合理的采购决策。

4. 采购合同签订：确定采购合同的内容，签署合同，约定合同的履行期限、价格、数量、质量等方面的事项，确保采购合同的合法性和有效性。

5. 订单跟踪：跟踪订单的执行情况，及时发现和解决采购过程中的问题，确保采购计划按时、按质、按量完成。

6. 收货和验收：对供应商交付的货物进行收货和验收，核实数量、质量、规格等方面的要求，确保采购的货物符合企业的要求和标准。

7. 发票处理和付款：收到供应商的发票后，对发票进行核对和处理，及时付款，确保采购过程中的财务记录准确无误。

8. 供应商管理：对供应商的绩效进行评估和管理，及时解决问题，持续改进采购工作的效率和质量。

在 ChatGPT 的回答中可以看出，虽然有一些工作内容并不需要文秘与行政的直接参与，但文秘与行政工作涉及的方面较多，各部门的工作事项均需了解。所以了解采购的工作内容是必要的，这样可以更好地协调各部门之间的工作，确保企业的采购流程顺畅、高效。

9.1.2 产品入库时的注意事项

产品入库是企业的一项重要管理工作，涉及产品质量、库存管理、成本控制等方面，因此需要特别注意。如果担心遗漏，可以在 ChatGPT 中查看产品入库时有哪些事项需要注意。

💬 **提问：** 产品入库时的注意事项有哪些？

✴ **ChatGPT：**

产品入库是库存管理中重要的环节，需要注意以下事项。

1. 检查产品数量和质量：在接收产品时，应该仔细检查产品的数量和质量是否符合订单与要求。如果发现数量或质量有问题，应该及时联系供应商解决。

2. 记录产品信息：在接收产品时，应该记录产品的相关信息，例如，产品名称、规格、生产日期、保质期等。这些信息可以用于跟踪产品的库存情况和质量状况。

3. 安排妥善的存放位置：在入库产品时，应该将其妥善地存放在库房或仓库中，确保产品不会受到损坏或污染。存放位置应该标注清楚，便于查找和管理。

4. 及时更新库存记录：在入库产品时，应该及时更新库存记录，包括产品数量、存放位置、入库日期等信息。这些信息可以用于库存管理和跟踪产品的使用情况。

5. 合理分配库存：在入库产品时，应该根据产品的特性和库存情况，合理地分配库存位置和数量，确保产品能够得到最佳的存放和管理。

6. 遵守相关法律法规：在入库产品时，应该遵守相关的法律法规。如果发现产品质量或安全存在问题，应该及时处理和报告。

由以上的回答可知，产品入库关系着供应链是否正常运行，而入库管理也是一个需要不断改进和优化的过程。在工作中，需要持续不断地监控和反馈，以便及时发现并解决问题。

9.1.3　库存管理的常用表格

在库存管理中，通过使用表格来记录和分析库存信息，可以帮助企业更加有效地管理库存，避免因过多或不足的库存造成财务损失。那么，库存管理常用的表格有哪些，请 ChatGPT 来为我们解答。

💬 **提问：** 库存管理需要的表格有哪些？

✴ **ChatGPT：**

库存管理需要的表格包括以下几个。

1. 库存清单表格：用于记录所有库存商品的信息，包括商品名称、商品编号、规格、单位、库存数量、采购单价、销售单价等。

2. 入库记录表格：用于记录商品的入库信息，包括入库日期、商品名称、入库数量、入库单价等。

3. 出库记录表格：用于记录商品的出库信息，包括出库日期、商品名称、出库数量、出库单价等。

4. 库存调拨表格：用于记录商品的库存调拨信息，包括调拨日期、商品名称、调出仓库、调入仓库、调拨数量等。

5. 盘点表格：用于记录商品的盘点信息，包括盘点日期、商品名称、库存数量、盘点数量、盈亏数量等。

6. 库存预警表格：用于记录库存数量低于设定预警值的商品信息，包括商品名称、库存数量、预警数量等。

以上是常见的库存管理表格，具体根据实际需要进行设置和调整。

从ChatGPT的回答中，我们可以选择适合自己使用的表格，在使用这些表格的过程中，需要注意表格的填写规范，及时更新库存信息，减少误差，并确保数据的安全性和保密性。

9.2 制作《办公用品采购表》

当需要采购一些办公用品时，为了方便采购者进行准确的采购，往往需要制作一份办公用品采购明细表，在其中将罗列出采购的物品、部门等信息。本例将制作办公用品明细采购表，通过该表格，可以看到需要采购的办公用品的名称、数量、单价和总价等，以节约成本，减少浪费。

本例将制作办公用品采购。制作完成后的效果如下图所示。实例最终效果见"结果文件\第9章\办公用品采购表.xlsx"文件。

品采购表时，需要将各类信息填写到工作表中，并输入相应的数据，具体操作方法如下。

第1步 ● 新建一个名为"办公用品采购表"的Excel工作簿，并输入标题和表头文本，如下图所示。

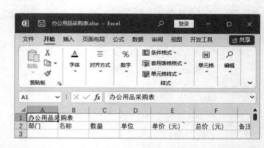

第2步 ● ❶选择A1:G1单元格区域；❷单击【开始】选项卡【对齐方式】组中的【合并后居中】按钮，如下图所示。

9.2.1 创建办公用品采购表

办公用品采购表中包括了部门、名称、数量、单位、单价等信息，在创建办公用

第3步 ● 分别选择合并后的A1单元格和A2:G2单元格区域，设置字体格式，如下图

所示。

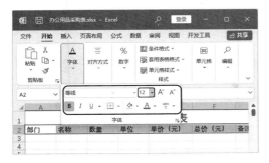

第4步 ▶ 输入表格数据。选择F3单元格，输入公式"=E3*C3"，如下图所示。

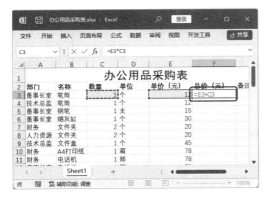

第5步 ▶ 按【Enter】键计算出总价，利用填充柄向下填充公式至F4:F51单元格区域，计算出所有物品的总价，如下图所示。

第6步 ▶ ❶选择E3:F51单元格区域；❷单击【开始】选项卡【数字】组中的【数字格式】下拉按钮 ⌄；❸在弹出的下拉菜单中选择【货币】选项，如下图所示。

第7步 ▶ ❶保持E3:F51单元格区域的选中状态；❷单击【开始】选项卡【数字】组中的【减少小数位数】按钮 ，将数据设置为无小数点（默认为2位），如下图所示。

9.2.2 排序数据序列

为了方便查看办公用品采购表的数据，可以将工作表中的数据按照一定的规律排序。本例以按"总价"升序排序为例，介绍排序的使用方法。

第1步 ❶选择"总价"列中的任意单元格；❷单击【数据】选项卡【排序和筛选】组中的【升序】按钮↓，如下图所示。

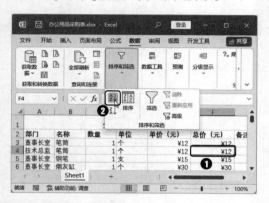

第2步 操作完成后，"总价"列的数据将按升序排列，如下图所示。

9.2.3 新建表样式

　　Excel 中内置了很多表格样式，使用户可以快速地为表格应用样式以美化工作表。如果对内置的表格样式不满意，也可以新建表样式，具体操作方法如下。

第1步 ❶单击【开始】选项卡【样式】组

中的【套用表格格式】下拉按钮；❷在弹出的下拉菜单中选择【新建表格样式】命令，如下图所示。

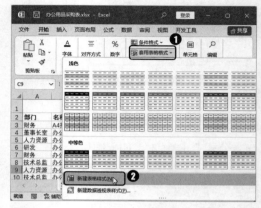

第2步 打开【新建表样式】对话框，❶在【名称】文本框中输入新样式的名称；❷在【表元素】列表框中选择【标题行】选项；❸单击【格式】按钮，如下图所示。

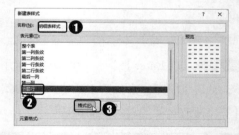

第3步 打开【设置单元格格式】对话框，在【字体】选项卡中设置字体颜色，如下图所示。

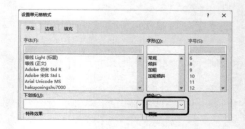

第4步 ❶在【填充】选项卡的颜色列表中选择一种填充颜色；❷单击【确定】按钮，如下图所示。

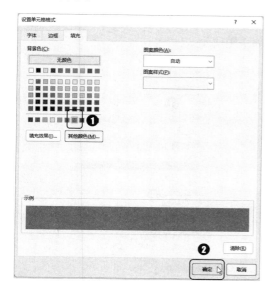

第5步 返回【新建表样式】对话框，使用相同的方法设置其他表元素，完成后单击【确定】按钮，如下图所示。

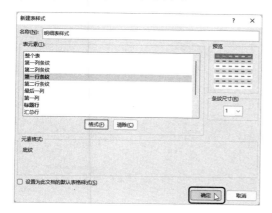

第6步 ❶返回工作表中，选择A2:G51单元格区域；❷单击【开始】选项卡【样式】组中的【套用表格格式】下拉按钮；❸在弹

出的下拉列表中选择新建的表格样式，如下图所示。

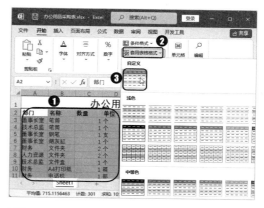

第7步 打开【创建表】对话框，默认选中了【表包含标题】复选框，直接单击【确定】按钮，如下图所示。

第8步 返回工作表中，即可看到已经应用了新建表样式的效果，❶单击【表设计】选项卡【工具】组中的【转换为区域】按钮；❷在弹出的对话框中单击【是】按钮，如下图所示。

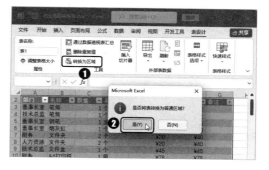

9.2.4 按类别汇总总价金额

为了方便统计数据，有时候需要将采购表按类别对总计金额进行汇总统计，例如，按"名称"汇总总价金额，具体操作方法如下。

第1步 ❶选择"名称"列中的任意单元格区域；❷单击【数据】选项卡【排序和筛选】组中的【升序】按钮↓↑，如下图所示。

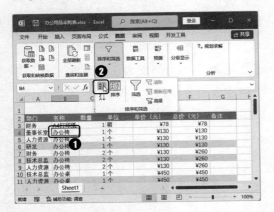

第2步 ❶选择任意数据单元格；❷单击【数据】选项卡【分级显示】组中的【分类汇总】按钮，如下图所示。

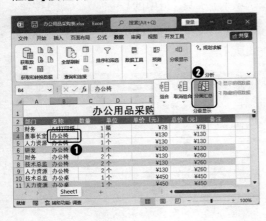

第3步 打开【分类汇总】对话框，❶设置【分类字段】为【名称】，【汇总方式】为【求和】；❷在【选定汇总项】列表框中选中【总价（元）】复选框；❸单击【确定】按钮，如下图所示。

第4步 返回工作表中即可看到工作表已经按总价分类汇总，如下图所示。

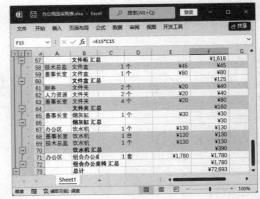

9.3 制作《产品库存统计表》

为了方便对商品入库的相关信息进行管理,通常都需要创建一张表格来保存商品的入库信息。掌握入库信息可以在保证企业生产、经营需求的前提下,使库存量保持在合理的水平上,避免囤积或缺货的情况发生。

本例将制作产品入库统计表。制作完成后的效果如下图所示。实例最终效果见"结果文件\第9章\商品库存管理.xlsm"文件。

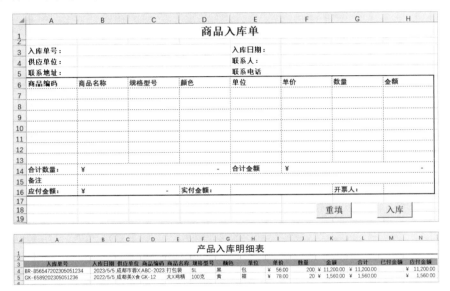

9.3.1 制作产品入库单

为了方便工作人员将入库的相关数据记录下来,需要制作产品入库单。入库单包括入库单号、入库日期、供应单位、联系人、联系电话、联系地址等,制作产品入库单的操作方法如下。

1. 制作入库单框架

本例首先需要制作一个入库单,并输入公式计算金额,具体操作方法如下。

第1步 ❶打开Excel工作簿,在【文件】选项卡中单击【另存为】选项;❷在中间窗格选择【浏览】选项,如下图所示。

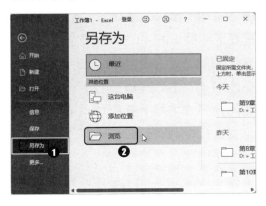

第2步 ▶ 打开【另存为】对话框，❶设置保存路径和文件名，在【保存类型】下拉列表中选择【Excel启用宏的工作簿（*.xlsm）】选项；❷单击【保存】按钮，如下图所示。

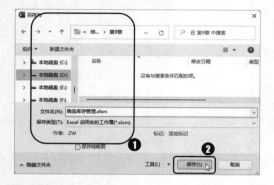

第3步 ▶ 双击【Sheet1】工作表标签，将工作表重命名为"入库单"，如下图所示。

第4步 ▶ ❶单击第1行的行号选中第1行，然后在第1行上右击；❷在弹出的快捷菜单中选择【行高】命令；❸打开【行高】对话框，在【行高】文本框中输入"26"；❹单击【确定】按钮，如下图所示。

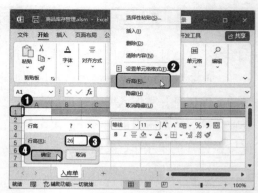

第5步 ▶ 将鼠标指针移动到第2行和第3行的行号分隔线上，当鼠标指针变为╋时按下鼠标左键不放，向上拖动鼠标，调整行高为【8.25】，如下图所示。

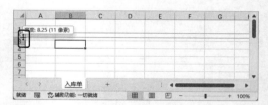

第6步 ▶ ❶选择A~H列；❷单击【开始】选项卡【单元格】组中的【格式】下拉按钮；❸在弹出的下拉菜单中选择【列宽】选项；❹打开【列宽】对话框，在【列宽】文本框中输入"13"；❺单击【确定】按钮，如下图所示。

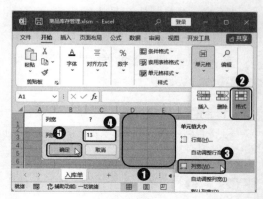

第7步 ● ❶选择 A1:H1 单元格区域；❷单击【开始】选项卡【对齐方式】组中的【合并后居中】按钮 图，如下图所示。

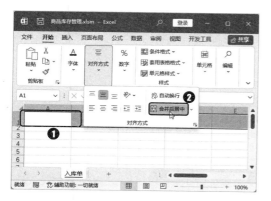

第8步 ● ❶选择 B3:D5 单元格区域，然后按下【Ctrl】键选择 F3:H5 单元格区域；❷单击【开始】选项卡【对齐方式】组中的【合并后居中】下拉按钮 图 ▾；❸在弹出的下拉菜单中选择【跨越合并】选项，如下图所示。

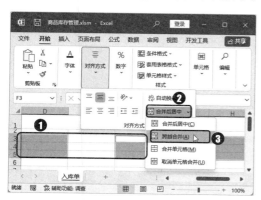

第9步 ● ❶在 A1、A3:A5 和 E3:E5 单元格区域输入相应的文本；❷在【开始】选项卡【字体】组中设置字体格式，如下图所示。

第10步 ● 在 A6:H16 单元格区域输入相应的文本，并设置字体格式，如下图所示。

第11步 ● ❶分别选择 B14:D14、F14:H14、B15: H15、B16:C16、E16:F16 单元格区域；❷单击【开始】选项卡【对齐方式】组中的【合并后居中】按钮 图，如下图所示。

第12步 ● ❶选择第 3~16 行；❷单击【开始】

选项卡【单元格】组中的【格式】下拉按钮；
❸在弹出的下拉菜单中选择【行高】选项；
❹弹出【行高】对话框，在【行高】文本框
中输入"18"；❺单击【确定】按钮，如下图
所示。

【确定】按钮，如下图所示。

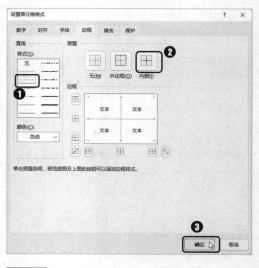

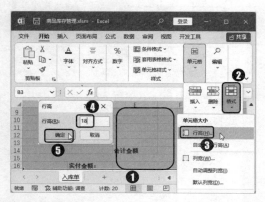

第13步 ❶选择 A6:H16 单元格区域；❷单
击【开始】选项卡【字体】组中的【边框】
下拉按钮；❸在弹出的下拉菜单中选择
【其他边框】选项，如下图所示。

第15步 ❶保持单元格区域的选中状态，
单击【开始】选项卡【字体】组中的【边框】
下拉按钮；❷在弹出的下拉菜单中选择
【粗外侧框线】选项，如下图所示。

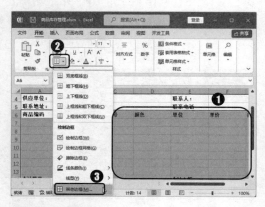

第14步 打开【设置单元格格式】对话框，
❶在【样式】列表框中选择一种虚线样式；
❷在【预置】栏单击【内部】按钮；❸单击

第16步 选择 H7:H13 单元格区域；在编
辑栏输入公式 "=IF(AND(F7="",G7=""),"",F
7*G7)"，然后按【Ctrl+Enter】组合键确认输
入，如下图所示。

入公式"=SUM(H7:H13)",如下图所示。

第17步● ❶保持H7:H13单元格区域的选中状态;❷单击【开始】选项卡【数字】组中的【会计数字格式】下拉按钮圈▾;❸在弹出的下拉菜单中选择【¥中文(中国)】选项,如下图所示。

第18步● 选择B14单元格,在编辑栏中输入公式"=SUM(G7:G13)",如下图所示。

第19步● 选择F14单元格,在编辑栏中输

第20步● 选择B16单元格,在编辑栏中输入公式"=F14",如下图所示。

第21步● ❶按住【Ctrl】键依次选择B14、F14、B16、E16单元格;❷单击【开始】选项卡【数字】组中的【会计数字格式】下拉按钮圈▾,如下图所示。

2. 制作重填和入库按钮

为工作表制作重填和入库按钮，并为其添加宏，可以加快数据的录入，具体操作方法如下。

第1步 ❶单击【开发工具】选项卡【控件】组中的【插入】下拉按钮；❷在弹出的下拉菜单中选择【命令按钮】□选项，如下图所示。

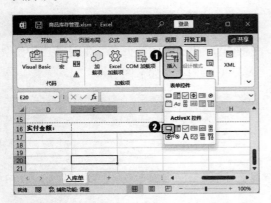

第2步 拖动鼠标，在入库单的右下角绘制一个按钮，如下图所示。

第3步 ❶选择绘制的按钮；❷单击【开发工具】选项卡【控件】组中的【控件属性】

按钮回，如下图所示。

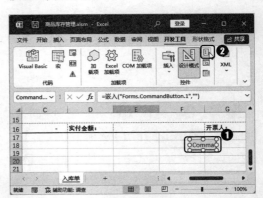

第4步 ❶打开【属性】对话框，设置【名称】为【Clrbtn】，设置【Caption】为【重填】；❷单击【Font】右侧的按钮，如下图所示。

温馨提示

在命令按钮控件中，使用该控件的【（名称）】属性主要是对命令按钮控件进行命名。它与Caption属性的不同之处在于，利用该属性命名后相当于该命令按钮控件引用的一个别称，它主要是方便在VBA整个程序中对该命令按钮控件进行引用。

第5步 ❶打开【字体】对话框，设置字体为【宋体，常规，14】；❷单击【确定】按钮，如下图所示。

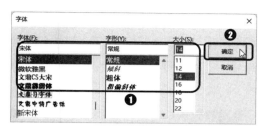

第6步 ❶使用相同的方法再次绘制一个按钮，在按钮上右击；❷在弹出的快捷菜单中选择【属性】命令，如下图所示。

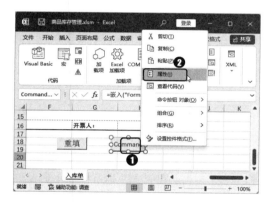

第7步 ❶打开【属性】对话框，设置【名称】为【Rukubtn】，设置【Caption】为【入库】，使用与前文相同的方法设置【Font】为【宋体，常规，14】；❷设置完成后单击【关闭】按钮 ❌ ，如下图所示。

> **温馨提示●**
>
> 在命令按钮控件中，使用Caption属性主要是对该命令按钮控件上所显示的文本进行设置。除此之外，在使用VBA编程语言控制程序的时候，还可以使用该属性获取指定命令按钮控件上显示的文本，其语法格式为【按钮名.Caption=字符串】，或者【字符变量=按钮名.Caption】。

第8步 ❶按住【Ctrl】键选择两个按钮；❷在【形状格式】选项卡的【大小】组中分别设置【高度】和【宽度】，如下图所示。

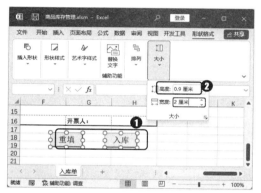

第9步 ❶保持形状的选中状态，单击【形状格式】选项卡【排列】组中的【对齐】下拉按钮；❷在弹出的下拉菜单中选择【顶端对齐】命令，如下图所示。

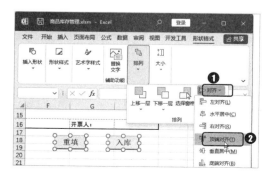

9.3.2 制作入库明细表

在入库明细表中记录了入库单的部分数据，可以帮助管理商品库存，具体操作方法如下。

第1步 ▶ 在工作簿中单击【新建工作表】按钮+，如下图所示。

第2步 ▶ ❶将新工作表命名为"入库明细表"；❷选择A1:N1单元区域；❸单击【开始】选项卡【对齐方式】组中的【合并后居中】按钮 国，如下图所示。

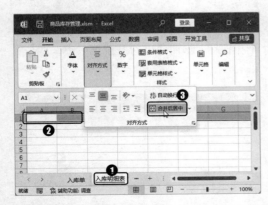

第3步 ▶ ❶选择第1行；❷单击【开始】选项卡【单元格】组中的【格式】下拉按钮；

❸在弹出的下拉菜单中选择【行高】选项；❹弹出【行高】对话框，在【行高】文本框中输入"30"；❺单击【确定】按钮，如下图所示。

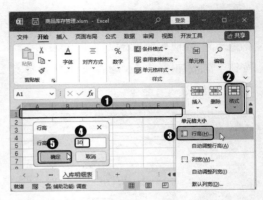

第4步 ▶ ❶选择第2行；❷单击【开始】选项卡【单元格】组中的【格式】下拉按钮；❸在弹出的下拉菜单中选择【行高】选项；❹弹出【行高】对话框，在【行高】文本框中输入"10"；❺单击【确定】按钮，如下图所示。

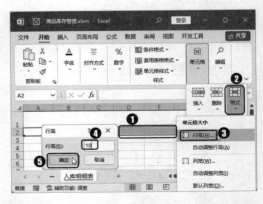

第5步 ▶ ❶在A1单元格输入标题；❷在【开始】选项卡【字体】组中设置字体格式，如下图所示。

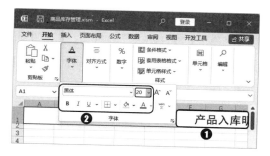

第6步 ❶单击【开始】选项卡【字体】组中的【边框】下拉按钮⊞ ˅；❷在弹出的下拉菜单中选择【双底框线】选项，如下图所示。

第7步 ❶在A3:N3单元格区域输入表头文本；❷在【开始】选项卡【字体】组中设置字体格式，如下图所示。

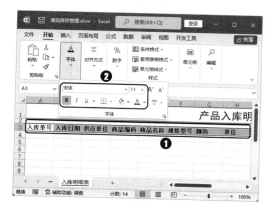

第8步 ❶选择A3:N3单元格区域；❷单击【开始】选项卡【字体】组中的【填充颜色】下拉按钮 ˅；❸在弹出的下拉菜单中选择一种填充颜色，如下图所示。

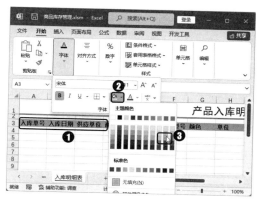

第9步 ❶选择A~N列单元格区域；❷单击【开始】选项卡【对齐方式】组中的【居中】按钮，如下图所示。

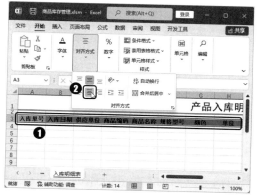

第10步 ❶选择B列；❷单击【开始】选项卡【数字】组中的【数字格式】下拉按钮˅；❸在弹出的下拉菜单中选择【短日期】选项，如下图所示。

237

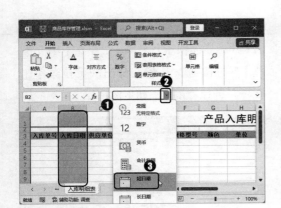

第11步 ❶选择【单价】【金额】【合计】【已付金额】【应付金额】列；❷单击【数字格式】下拉按钮﹀；❸在弹出的下拉菜单中选择【会计专用】选项，如下图所示。

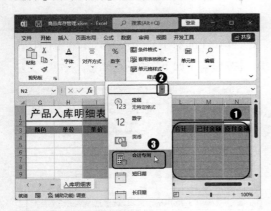

9.3.3 完成重填和入库功能

前文制作的重填和入库按钮，可以通过编写程序，实现在"入库表"工作表中填写数据，然后单击表格中的【入库】按钮，即可将相应的数据录入"入库明细表"中。如果输入了错误数据，在入库之前，单击【重填】按钮可将入库表工作表中输入的数据清除，具体操作方法如下。

第1步 ❶单击【开发工具】选项卡【控件】组中的【设计模式】按钮▨，进入设计模式；❷双击"入库单"工作表中的【重填】按钮，如下图所示。

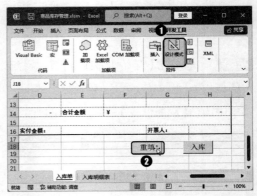

第2步 打开VBA窗口，此时系统自动为【重填】按钮创建一个【Clrbtn_Click】事件过程，如下图所示。

第3步 ❶在【Clrbtn_Click】事件过程中输入相应的VBA代码，完成重填功能；❷单击工具栏中的【保存】按钮▤，如下图所示。

第4步 返回"入库单"工作表，双击【入库】按钮，系统自动切换到VBA窗口，并

在该窗口的代码区域中为该按钮创建一个【Clrbtn_Click】事件过程，如下图所示。

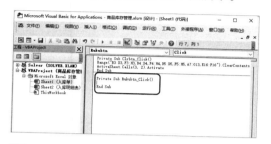

第5步 ❶在【Clrbtn_Click】事件过程中输入相应的VBA代码，完成入库功能；❷单击工具栏中的【保存】按钮，如下图所示。

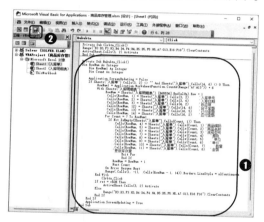

第6步 返回工作表中，单击【开发工具】选项卡【控件】组中的【设计模式】按钮，退出设计模式，如下图所示。

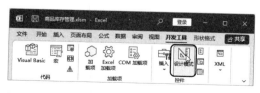

第7步 ❶在B3:B5和F3:F5单元格区域输入数据；❷单击【重填】按钮，如下图所示。

第8步 系统自动将B3:B5和F3:F5单元格区域中的数据清除，并选择B3单元格，如下图所示。

第9步 ❶重新输入商品入库数据，系统将自动计算出金额、合计金额、应付金额等数据；❷单击【入库】按钮，如下图所示。

第10步 数据将自动录入"入库明细表"

工作表中，"入库单"中的数据将被清除，并自动选择B3单元格，如下图所示。

第11步● 再次输入商品入库数据，单击【入库】按钮，如下图所示。

第12步● 数据将被保存在"入库明细表"工作表末尾记录的下一行，根据需要调整列宽显示明细数据即可，如下图所示。

9.4 制作《安全库存量预警表》

安全库存预警表是一种管理工具，用于帮助企业监控库存水平，及时发现并解决库存问题，以确保供应链运作的顺畅和客户满意度的提高。在制定安全库存预警表时，需要充分考虑商品的入库、出库、最低库存等方面的情况，制定合理的预警指标和预警机制，以便在库存水平达到预警线时能够及时采取相应的措施。

本例将制作安全库存量预警表，在库存量低于或等于安全库存量时自动预警提示，以便库存管理人员及时定制采购计划。制作完成后的效果如下图所示。实例最终效果见"结果文件\第9章\安全库存量预警表.xlsm"文件。

9.4.1 使用公式与函数

在制作安全库存量预警表时，除了构建基本表格之外，还需要用公式与函数来计算库存量，具体操作方法如下。

第1步 ● 新建一个名为"安全库存量预警表"的Excel工作簿，双击"Sheet1"工作表标签，将其重命名为"安全库存量预警表"，如下图所示。

第2步 ● 合并A1:G1单元格区域，输入表格标题，并设置字体格式，如下图所示。

第3步 ● 在H2单元格中输入"日期："文本；在I2单元格中输入公式"=CONCATENATE(YEAR(TODAY()),"年",MONTH(TODAY()),"月")"，按下【Enter】键确认，得到当前日期的年和月信息，如下图所示。

第4步 ● 在下方输入表格数据，并设置字体和单元格样式，然后在H4单元格中输入公式"=E4+ F4-G4"，如下图所示。

第5步 ● 按下【Enter】键确认，得到月末结余额数据，并将公式填充到下方的单元格区域，如下图所示。

第6步 在J4单元格中输入公式"=IF(H4<=I4,"警报","正常")，按下【Enter】键，得到当前日期的年和月信息，并将公式填充到下方的单元格区域，如下图所示。

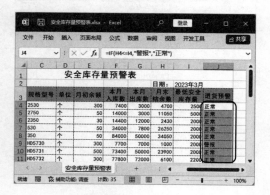

9.4.2 设置条件格式

为了更清楚地显示预警信息，用户可以根据需要设置条件格式，设置后，当单元格中的数据满足某一个设定的条件时，就会以设定的单元格格式显示出来，具体操作方法如下。

第1步 ❶选择J4:J38单元格区域；❷单击【开始】选项卡【样式】组中的【条件格式】下拉按钮；❸在弹出的下拉菜单中选

择【突出显示单元格规则】选项；❹在弹出的子菜单中选择【等于】选项，如下图所示。

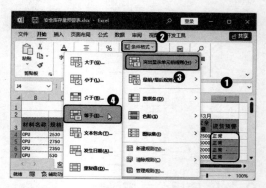

第2步 打开【等于】对话框，❶在【为等于以下值的单元格设置格式】文本框中输入"警报"；❷在【设置为】下拉列表中选择【自定义格式】选项，如下图所示。

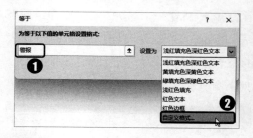

第3步 打开【设置单元格格式】对话框，在【字体】选项卡中设置文字颜色为【白色】，如下图所示。

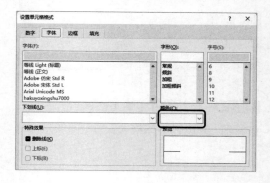

第4步 ● ❶在【填充】选项卡中设置单元格背景色为【深红】；❷设置完成后单击【确定】按钮，如下图所示。

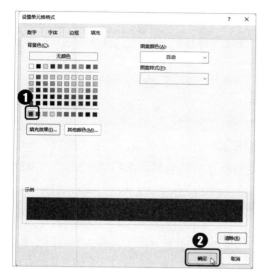

第5步 ● 返回【等于】对话框，单击【确定】按钮即可，如下图所示。

第6步 ● 返回工作表可以看到，设置突出显示单元格后的预警效果，如下图所示。

ChatGPT 答疑与点拨

通过前面知识的学习，相信读者朋友已经掌握了制作采购与库存管理文件的技巧，如汇总数据、使用公式和函数计算、设置条件格式等。下面结合本章的内容，让ChatGPT给读者介绍一些工作中的实用经验和技巧，从而让你在采购和库存管理中调整得更加清晰，不错漏。

01 如何对表格数据进行随机排序

对工作表数据进行排序时，通常是按照一定的规则进行排序的，但在某些特殊情况下，如果需要对数据进行随机排序，可以问一问ChatGPT应该如何操作。

> 🔟 **提问：** 怎样对表格数据进行随机排序？

ChatGPT：

要对表格数据进行随机排序，你可以尝试使用以下方法。

1. 在Excel表格中插入一个新列，用RAND函数填充该列。

2. 选中要排序的数据范围，包括新插入

的列。

3. 单击【排序】按钮，在【排序】对话框中选择要按照哪一列排序，选择【随机数】列，并选择升序或降序排序。

4. 这样就可以将选定的数据随机排序了。注意，这种方法可能会改变原始数据的顺序，因此建议在进行随机排序之前先备份原始数据。

根据ChatGPT的提示，可以将应聘职员面试顺序表中的姓名随机排序，具体操作方法如下。

第1步 ● 打开"素材文件\第9章\应聘职员面试顺序.xlsx"文件，❶在工作表中创建一列辅助列，并输入标题"排序"；❷在下方第一个单元格输入函数"=RAND()"，按【Enter】键计算结果，然后利用填充功能向下填充公式，如下图所示。

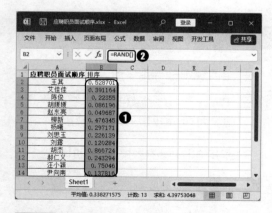

第2步 ● ❶选择辅助列中的数据；❷单击【数据】选项卡【排序和筛选】组中的【升序】按钮↓或【降序】按钮↓，如下图所示。

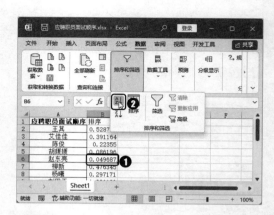

第3步 ● 返回工作表，删除辅助列，即可查看排序后的效果，如下图所示。

02 如何将汇总项显示在数据上方

默认情况下，对表格数据进行分类汇总后，汇总项显示在数据的下方。如果想要将汇总项显示在数据上方，可以向ChatGPT提问。

💬 **提问：** 分类汇总时，如何将汇总项显示在数据上方？

⑤ChatGPT：

在Excel中进行分类汇总时，默认情况下汇总结果是显示在数据下方的。如果需要将汇总结果显示在数据上方，可以按照以下步骤进行操作。

1. 选中要进行分类汇总的数据。

2. 在菜单栏中选择【数据】选项卡，单击【分类汇总】命令。

3. 在【分类汇总】对话框中，取消选择【汇总结果显示在数据下方】复选框，然后单击【确定】按钮。

4. Excel会自动在一个新的工作表中生成分类汇总的结果，并将其显示在原始数据的上方。

需要注意的是，如果原始数据发生变化，分类汇总的结果不会自动更新，需要手动重新进行分类汇总，才能更新结果。

下面根据ChatGPT的提示，设置将汇总项显示在数据的上方，具体操作方法如下。

第1步 ▶ 打开"素材文件\第9章\家电销售情况.xlsx"文件，❶选择任意数据单元格；❷单击【数据】选项卡【分级显示】组中的【分类汇总】按钮，如下图所示。

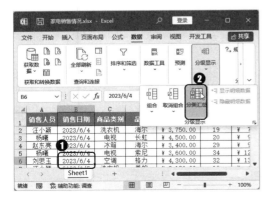

第2步 ▶ 打开【分类汇总】对话框，❶在【分类字段】下拉列表中选择【销售日期】选项，在【汇总方式】下拉列表中选择【求和】选项；❷在【选定汇总项】列表框中勾选【销售额】复选框；❸取消勾选【汇总结果显示在数据下方】复选框；❹单击【确定】按钮，如下图所示。

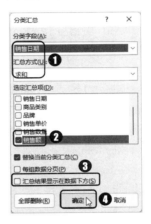

第3步 ▶ 返回工作表，即可看到表格数据以【销售额】为分类字段，对销售额进行了求和汇总，且汇总项显示在数据上方，如下图所示

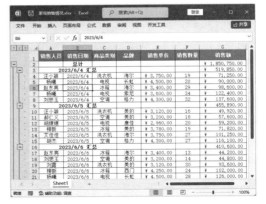

03 突出显示排名前几位的数据

对表格数据进行处理分析时，如果希望在工作表中突出显示排名靠前的数据，可通过条件格式轻松实现。

💬 **提问：** 怎么突出显示排名前几位的数据？

⑤ ChatGPT：

要在Excel中突出显示排名前几位的数据，可以使用条件格式功能。具体步骤如下。

1. 选中要突出显示的数据范围。

2. 单击【开始】选项卡【样式】组中的【条件格式】下拉按钮，在弹出的下拉列表中选择【最前/最后规则】选项。

3. 在弹出的扩展菜单中，选择【前10项】选项。

4. 在【前10项】对话框中，输入要突出显示的数据个数。

5. 选择要应用的格式，比如可以选择颜色填充、加粗、斜体等。

6. 单击【确定】按钮，完成设置。

这样，排名前几位的数据就会被突出显示出来了。注意，如果数据有重复，可能会有多个数据被突出显示。如果想只突出显示排名第一的数据，可以选择【最前面的项】选项，并输入"1"。

根据ChatGPT的回答，如果要突出显示销售总额排名前3位的数据，具体操作方法如下。

第1步 ▶ 打开素材文件"素材文件\第9章\员工销售表.xlsx"，❶选中要设置条件格式的单元格区域D3:D12；❷单击【开始】选项卡【样式】组中的【条件格式】下拉按

钮；❸在弹出的下拉列表中选择【最前/最后规则】选项；❹在弹出的扩展菜单中单击【前10项】选项，如下图所示。

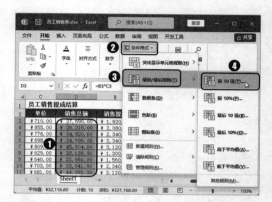

第2步 ▶ 弹出【前10项】对话框，❶在微调框中将值设置为【3】，然后在【设置为】下拉列表中选择需要的格式；❷单击【确定】按钮，如下图所示。

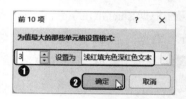

第3步 ▶ 返回工作表，可以看到突出显示了销售总额排名前3位的数据，如下图所示。

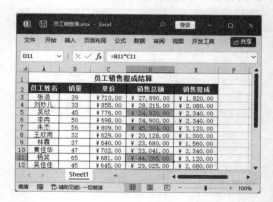

Excel

第10章

市场管理

💡 本章导读

　　在文秘与行政工作中，市场管理是一个非常重要的方面。市场管理包括市场调研、销售订单管理、产品促销管理等，它是企业经营和发展的关键之一。本章先通过ChatGPT让读者学习和掌握市场管理的基础知识，再通过Excel来制作《产品促销活动价目表》《新产品市场调查问卷》和《客户订单表》，讲解Excel在市场管理工作中的实操技能。

📋 知识要点

- ◆ 插入并编辑文本框
- ◆ 插入页眉和页脚
- ◆ 插入与编辑表单控件
- ◆ 保护工作表
- ◆ 汇总数据
- ◆ 创建图表

10.1 使用 ChatGPT 了解市场管理

随着数字化时代的到来和互联网的普及，市场管理的领域和内容也在不断扩大与深化，市场管理工作的前景十分广阔。市场管理工作涉及产品的定位、市场调研、品牌推广、销售管理等多个方面，能够为企业提供重要的支持和帮助，实现企业的长期发展和持续竞争力。在学习之前，我们先通过 ChatGPT 来了解一下市场管理的基础知识。

10.1.1 市场管理工作的要点

在当今激烈的市场竞争中，市场管理的重要性日益凸显。市场环境变化快速，产品同质化现象严重，客户需求多元化，这些都给市场管理带来了很大的挑战。因此，了解市场管理的工作要点，运用有效的市场管理方法，对于企业提升竞争力，实现可持续发展具有重要意义。

那么，市场管理工作的要点究竟有哪些，来看一看 ChatGPT 是怎么说的。

> 🔟 **提问**：市场管理工作的要点有哪些？

ⓢ ChatGPT：

市场管理是指负责产品或服务的市场策略制定、市场推广、销售管理等工作。以下是市场管理工作的几个要点。

1. 市场调研：对市场进行分析，掌握市场需求和市场趋势，为市场策略的制定提供依据。

2. 市场定位：确定产品或服务在市场中的定位，分析市场的目标客户、竞争对手等，为市场推广提供方向。

3. 品牌建设：制定品牌策略，包括品牌名称、标识、口号等，提高产品或服务在市场中的知名度和美誉度。

4. 市场推广：根据市场调研和市场定位，制定市场推广策略和计划，包括广告、促销、公关、直销等。

5. 销售管理：制订销售目标和销售计划，指导销售人员开展销售工作，跟进销售进程，提高销售额和客户满意度。

6. 客户管理：建立客户档案，跟进客户需求和反馈，提供优质的售后服务，保持客户关系的稳定和发展。

7. 团队管理：建立市场团队，制定团队目标和任务，分配工作和资源，培训和激励员工，提高团队协作和绩效。

以上是市场管理工作的要点，需要市场管理人员具备市场分析、市场推广、销售管理、客户管理、团队管理等多方面的知识和能力。

在看了 ChatGPT 的回答后，我们知道市场管理工作是一个需要持续改进和优化的过程，需要不断地学习和掌握市场管理相关的知识与技能，才能更好地适应市场的变化和挑战，实现企业的长远发展。

10.1.2 市场推广工作的流程

为了提高产品的销量，市场推广工作需要全面而系统的规划，以确保推广效果最大化。在市场推广过程中，需要遵循一系列流程和要点来确保推广工作的有效性与高效性。在此之前，先通过 ChatGPT 来了解一下市场推广工作的流程。

> 🔟 **提问：** 市场推广工作的流程有哪些？

⑤ChatGPT：

市场推广工作的流程可以分为以下几个步骤。

1. 确定目标市场和目标客户群体：根据产品或服务的特点和定位，确定需要面向的市场和目标客户群体。

2. 制订推广计划：根据目标市场和客户群体，制订符合市场需求和企业实际情况的推广计划，包括推广策略、宣传方式、推广渠道、推广周期等。

3. 宣传和推广：按照推广计划进行各种宣传和推广活动，如广告投放、展览、促销活动等，吸引目标客户的注意力，提高产品或服务的知名度和美誉度。

4. 跟进客户：通过电话、邮件、短信等方式与客户进行跟进，了解客户需求和反馈，及时解答客户疑问并提供支持，提高客户的满意度和忠诚度。

5. 评估推广效果：通过数据统计和分析，评估推广活动的效果和成本效益，及时调整推广策略和方式，为下一步的推广工作提供参考。

需要注意的是，市场推广工作是一个需要持续努力和调整的过程，企业需要不断学习并了解市场的变化和客户需求的变化，及时调整推广策略和方式，提高市场占有率和产品或服务的市场份额。

从以上的回答可以看出，在市场推广的过程中，纸上谈兵并不可取，一定要不断总结经验，适时改进推广计划，才能找到适合的推广方案。

10.1.3 市场管理需要的分析表格

在市场管理中，使用分析表格是非常重要的，它能够帮助企业进行市场调研、分析市场趋势、了解竞争对手等，从而制定出更加科学有效的营销策略。为了更好地进行市场管理，通过 ChatGPT 了解需要的分析表格是当务之急。

> 🔟 **提问：** 市场管理需要哪些分析表格？

⑤ChatGPT：

市场管理需要进行各种数据分析，以便更好地了解市场趋势、竞争对手情况等，因此需要使用多种分析表格。以下是一些常见的市场管理分析表格。

1. SWOT 分析表：用于分析公司的优劣势、机会和威胁。

2. PEST 分析表：用于分析市场的政治、经济、社会和技术环境。

3. 4P 分析表：用于分析市场营销策略的产品、价格、促销和渠道。

4. 客户画像表：用于分析目标客户的基本情况、需求和偏好等。

5. 竞争对手分析表：用于分析竞争对手的优劣势、市场份额和策略等。

6. 渠道分析表：用于分析市场营销渠道

的效果和成本等。

7. 销售数据分析表：用于分析销售数据，如销售额、销售量、客户满意度等。

这些分析表格可以帮助市场管理人员更好地了解市场情况和制定营销策略，从而提高企业的市场竞争力。

从ChatGPT给出的回答中，可以选择适合的表格进行数据分析，但是在使用分析表格的过程中，需要注意数据的来源和准确性，以及表格的更新和维护，才能得到更有效的分析结果。

10.2 制作《产品促销活动价目表》

在产品促销季，在向外发送促销信息时，将产品促销活动的产品型号、产品简介、价格等数据一同展现，可以让购买者更了解相关产品。在制作产品促销价格表时，除了价格外，商品的图片是增加购买欲的重要因素。

本例将制作一份产品促销活动价目表，制作完成后的效果如下图所示。实例最终效果见"结果文件\第10章\产品促销活动价目表.xlsx"文件。

10.2.1 制作促销表格

在制作促销表格时，首先需要对表格的行高与列宽进行设置，然后输入表格数据，再设置数据的数字格式，具体操作方法如下。

第1步 新建一个名为"产品促销活动价目表"的Excel工作簿，❶选择A1:D1单元格区域；❷单击【开始】选项卡【对齐方式】组中的【合并后居中】按钮圙，如下图所示。

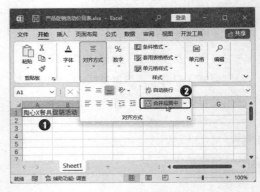

第2步 在表格中输入促销表的文本，输入产品型号后，将鼠标指针移动到A列与B列的分隔线上，当鼠标指针变为十时，按下鼠标左键不放拖动鼠标到合适的位置，

如下图所示。

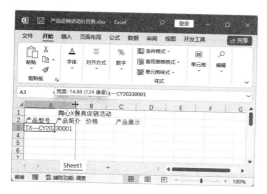

第3步 ❶输入产品简介，并选中该单元格；❷单击【开始】选项卡【对齐方式】组中的【自动换行】按钮，如下图所示。

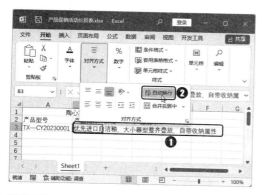

第4步 拖动B列和C列之间的分隔线，调整宽度，如下图所示。

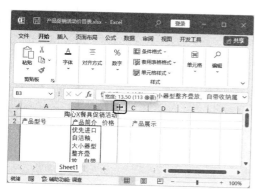

第5步 ❶输入商品价格；❷单击【开始】选项卡【数字】组中的【会计数字格式】下拉按钮 ；❸在弹出的下拉菜单中选择【¥中文(中国)】选项，如下图所示。

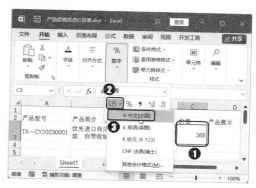

第6步 ❶选择D3单元格；❷单击【开始】选项卡【单元格】组中的【格式】下拉按钮；❸在弹出的下拉菜单中选择【行高】命令；❹弹出【行高】对话框，在【行高】文本框中输入行高值；❺单击【确定】按钮，如下图所示。

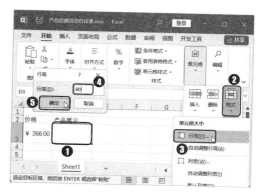

第7步 ❶单击【开始】选项卡【单元格】组中的【格式】下拉按钮；❷在弹出的下拉菜单中选择【列宽】命令；❸弹出【列宽】对话框，在【列宽】文本框中输入列宽值；

❹单击【确定】按钮，如下图所示。

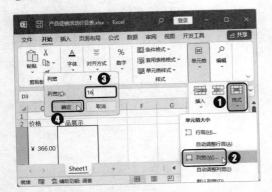

第8步 ❶单击【插入】选项卡【插图】组中的【图片】下拉按钮；❷在弹出的下拉菜单中选择【此设备】选项，如下图所示。

第9步 打开【插入图片】对话框，❶选择"素材文件\第10章\商品图片\现代.jpg"图片；❷单击【插入】按钮，如下图所示。

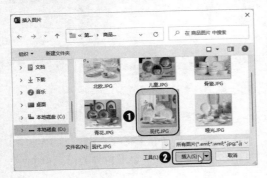

第10步 调整图片大小，使其与单元格大小相同，如下图所示。

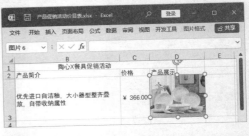

第11步 使用相同的方法添加其他商品的信息和图片，如下图所示。

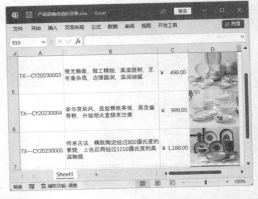

第12步 ❶选择A1单元格；❷在【开始】选项卡【字体】组中设置字体样式，如下图所示。

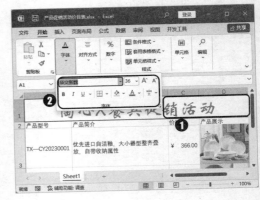

第13步▶ ❶选中A2:D2单元格区域；❷在【开始】选项卡中设置字体样式和对齐方式，如下图所示。

10.2.2 插入并编辑文本框

　　虽然在单元格中也可以输入文本，但为了更方便地编辑文本，我们可以使用文本框，具体操作方法如下。

第1步▶ ❶单击第2行的行号；❷单击【开始】选项卡【单元格】组中的【插入】按钮，如下图所示。

第2步▶ 调整插入行的高度，单击【插入】选项卡【文本】组中的【文本框】按钮，如下图所示。

第3步▶ 拖动鼠标，在第2行中绘制文本框，如下图所示。

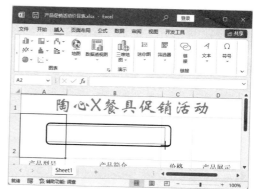

第4步▶ ❶在文本框中输入促销文本；❷在【开始】选项卡【字体】组中设置字体样式，如下图所示。

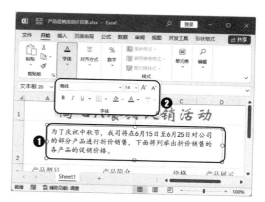

第5步 ❶选中文本框中的文本，右击鼠标；❷在弹出的快捷菜单中选择【段落】命令，如下图所示。

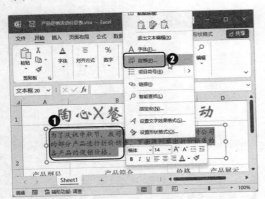

第6步 打开【段落】对话框，❶在【缩进】栏设置【特殊】为【首行】，【度量值】为【1.27厘米】；❷在【间距】栏设置【行距】为【1.5倍行距】；❸单击【确定】按钮，如下图所示。

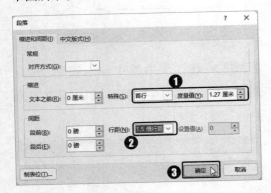

第7步 ❶单击【形状格式】选项卡【形状样式】组中的【形状填充】下拉按钮 ，；❷在弹出的下拉菜单中选择【无填充】选项，如下图所示。

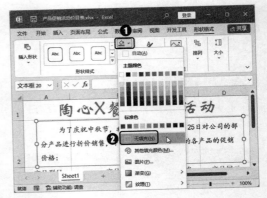

第8步 ❶单击【形状格式】选项卡【形状样式】组中的【形状轮廓】下拉按钮 ，；❷在弹出的下拉菜单中选择【无轮廓】选项，如下图所示。

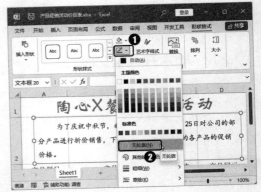

10.2.3 设置表格样式

在Excel中内置了多种表格样式，用户可以通过选择表格样式快速美化表格，操作方法如下。

第1步 ❶选中A3:D9单元格区域；❷单击【开始】选项卡【样式】组中的【套用表格格式】下拉按钮；❸在弹出的下拉菜单中选择一种预设样式，如下图所示。

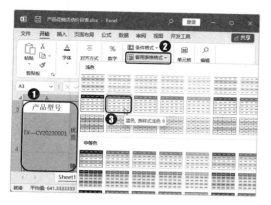

第2步 ▶ 打开【创建表】对话框，保持默认设置，直接单击【确定】按钮，如下图所示。

第3步 ▶ ❶单击【表设计】选项卡【工具】组中的【转换为区域】命令；❷在弹出的提示对话框中单击【是】按钮，如下图所示。

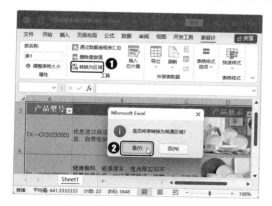

第4步 ▶ 操作完成后，即可为所选区域应用表格样式，如下图所示。

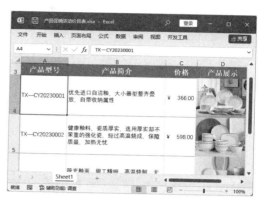

10.2.4 插入页眉和页脚

在工作表的内容制作完成后，可以为工作表添加页眉和页脚，具体操作方法如下。

第1步 ▶ 单击【插入】选项卡【文本】组中的【页眉和页脚】按钮，如下图所示。

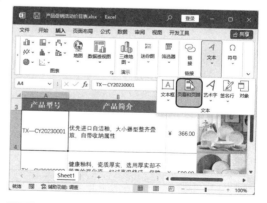

第2步 ▶ ❶在页眉中间的文本框中输入公司名称；❷在【开始】选项卡【字体】组中设置字体样式，如下图所示。

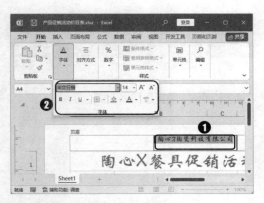

第3步 ▶ 单击【页眉和页脚】选项卡【导航】组中的【转至页脚】按钮，如下图所示。

第4步 ▶ ❶转到页脚区域，将鼠标指针定位到页脚右侧的文本框中；❷单击【页眉和页脚】选项卡【页眉和页脚元素】组中的【当前日期】按钮，如下图所示。

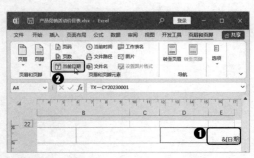

第5步 ▶ 设置完成后，单击任意空白区域，即可退出页眉和页脚编辑模式，如下图所示。

10.2.5 打印工作表

促销活动价目表制作完成后，可以打印出来供他人阅览，具体操作方法如下。

第1步 ▶ 单击【页面布局】选项卡【页面设置】组中的【页面设置】按钮，如下图所示。

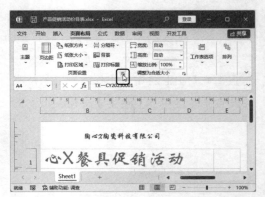

第2步 ▶ 打开【页面设置】对话框，❶在【页边距】选项卡的【居中方式】组中选中【水平】和【垂直】复选框；❷单击【打印预览】按钮，如下图所示。

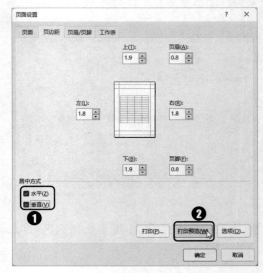

第3步 进入打印界面，在右侧可以查看预览效果，设置打印参数后单击【打印】按钮即可打印工作表，如下图所示。

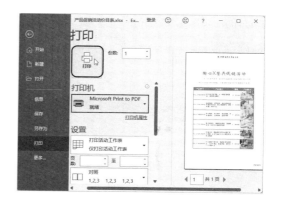

10.3 制作《新产品市场调查问卷》

新产品市场调查问卷的用处在于收集客户信息，以获取新产品的市场反响，从而掌握市场对新产品的接受能力。

本例将使用Excel制作新产品市场调查问卷。制作完成后的效果如下图所示。实例最终效果见"结果文件\第10章\新产品市场调查问卷.xlsx"文件。

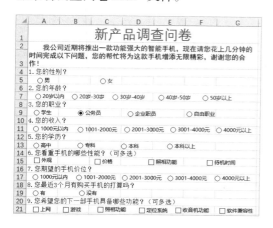

10.3.1 自定义功能区

在默认情况下，Excel功能区中没有显

示出【开发工具】选项卡。如果需要使用宏等功能，需要用到该选项卡。此时，用户可以自定义功能区，将【开发工具】选项卡显示出来，操作方法如下。

第1步 新建一个名为"新产品市场调查问卷"的Excel工作簿，在工作表中输入基本数据内容，并适当设置表格格式，如下图所示。

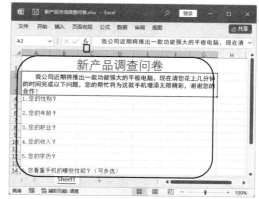

第2步 ❶切换到【文件】选项卡，单击【更多】命令；❷在弹出的子菜单中单击【选

257

项 】命令，如下图所示。

第3步 ❶打开【Excel选项】对话框，切换到【自定义功能区】选项卡；❷在右侧的【自定义功能区】下拉列表中选择【主选项卡】选项；❸在下方的列表框中，选中【开发工具】复选框；❹单击【确定】按钮，如下图所示。

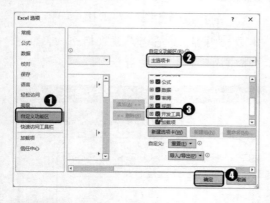

温馨提示 ●

　　如果有需要，用户也可以在【自定义功能区】中新建选项卡，将常用的功能放置到该选项卡中。

第4步 ● 返回工作表，可以看到功能区中出现了【开发工具】选项卡，如下图所示。

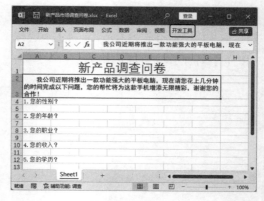

10.3.2 插入与编辑表单控件

　　控件就是添加在窗体上的一些图形对象，用户可以操作该对象来执行某一行为。本例需要在调查问卷中插入单选和复选选项，具体操作方法如下。

第1步 ● ❶切换到【开发工具】选项卡，在【控件】组中单击【插入】下拉按钮；❷在打开的下拉菜单中单击【表单控件】栏的【选项按钮】按钮◉，如下图所示。

第2步 ● 此时鼠标指针呈十字形状，在工作表中按下鼠标左键，并拖动到合适位置释放鼠标，即可绘制一个选项按钮，如下

图所示。

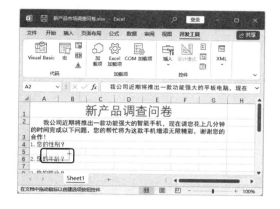

第3步 ● ❶选择绘制的选项按钮，右击鼠标；❷在弹出的快捷菜单中单击【编辑文字】命令，如下图所示。

第4步 ● ❶此时选项按钮呈可编辑状态，删除选项按钮的名称，输入需要的内容，这里输入"男"；❷单击工作表其他位置，

即可退出编辑状态，如下图所示。

第5步 ● 使用鼠标右击选项按钮，然后单击工作表其他空白处，此时出现控制框，将鼠标指针指向控制框，当鼠标指针呈形状时，使用鼠标左键拖动，如下图所示。

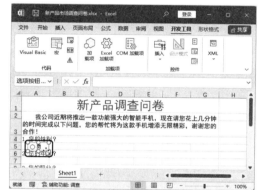

第6步 ● ❶右击选项按钮；❷在弹出的快捷菜单中选择【复制】命令，复制选项按钮，如下图所示。

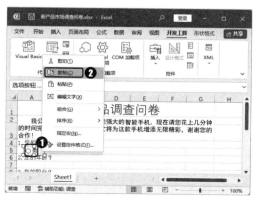

第7步▶ ❶在工作表合适位置右击鼠标；❷在弹出的快捷菜单中选择【粘贴】命令🗐，如下图所示。

第8步▶ ❶右击复制的选项按钮；❷在弹出的快捷菜单中选择【编辑文字】命令，如下图所示。

第9步▶ ❶此时选项按钮呈可编辑状态，删除选项按钮的名称，输入需要的内容，这里输入"女"；❷单击工作表其他位置，即可退出编辑状态，如下图所示。

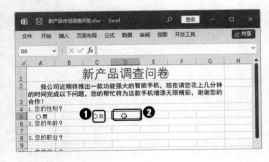

第10步▶ 按照上面的方法添加其他选项按钮，设置后的效果如下图所示。

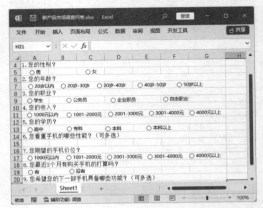

第11步▶ ❶在【开发工具】选项卡的【控件】组中单击【插入】下拉按钮；❷在打开的下拉菜单中单击【表单控件】栏的【复选框】按钮☑，如下图所示。

第12步▶ 此时鼠标指针呈十字形状，在工作表中按下鼠标左键，拖动到合适位置释放鼠标，即可绘制一个复选框按钮，如下图所示。

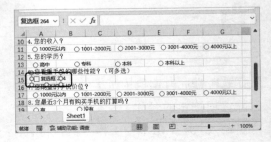

第13步 ❶使用鼠标右击绘制的复选框按钮；❷在弹出的快捷菜单中选择【编辑文字】命令，如下图所示。

第14步 ❶此时选项按钮呈可编辑状态，删除选项按钮的名称，输入需要的内容，这里输入【外观】；❷单击工作表其他位置即可退出编辑状态，如下图所示。

第15步 按照前面的方法，通过复制和粘贴的方式继续添加其他复选框，根据需要修改复制的复选框按钮的名称，完成后的效果如下图所示。

温馨提示●

ActiveX 控件可以控制事件并有一个属性列表，在 Excel 工作表和 VBA 编辑器中，都可以使用该类型控件，也可以在 Web 页上的 Excel 窗体和数据中使用，但不能在图表工作表中使用该类型控件。

10.3.3 保护工作表

在制作完成新产品市场调查问卷后，可以设置密码保护工作表，使其无法轻易遭到修改和破坏，具体操作方法如下。

第1步 在完成调查问卷的制作之后，在【审阅】选项卡中单击【保护】组中的【保护工作表】按钮，如下图所示。

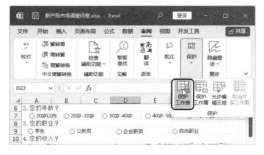

第2步 弹出【保护工作表】对话框，默

认情况下，选中【保护工作表及锁定的单元格内容】【选定锁定的单元格】【选定解除锁定的单元格】三个复选框，保持其选中状态，❶在文本框中输入密码，本例输入"123"；❷单击【确定】按钮，如下图所示。

第3步 弹出【确认密码】对话框，❶在文本框中再次输入密码；❷单击【确定】按钮，如下图所示。

第4步 按照上述方法保护工作表后，试图修改工作表中的内容时，将拒绝修改，并弹出提示对话框，单击【确定】按钮即可关闭该对话框，如下图所示。

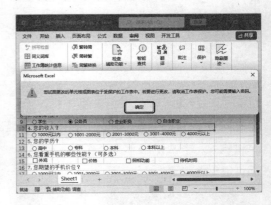

10.4 制作《客户订单表》

订单是企业销售的主要载体，是客户服务的对象，对订单的管理也是客户管理与服务的首要组成部分。订单的格式比较随意，不同的公司、不同的产品类别都将导致订单的内容和格式有所不同，本例将使用Excel制作一份客户订单表，其中涉及数据的输入、边框与底纹的添加、数据排序与分类汇总、创建并设置条形图等知识。

本例将制作客户订单表。制作完成后的效果如下图所示。实例最终效果见"结果文件\第10章\客户订单表.xlsx"文件。

	订单编号	客户姓名	所在城市	订单金额	其他费用	预付	余额
				渝X公司客户订单			
3	20230001	周生	成都	¥5,449.00	¥1,603.00	¥2,724.50	¥4,327.50
4	20230002	赵丽君	成都	¥6,131.00	¥293.00	¥3,065.50	¥3,358.50
5	20230003	王亚	成都	¥10,109.00	¥303.00	¥5,054.50	¥5,357.50
6	20230004	刘勇	成都	¥6,057.00	¥291.00	¥3,028.50	¥3,319.50
7	20230005	张渝	成都	¥2,492.00	¥480.00	¥1,246.00	¥1,726.00
8	成都 汇总			¥30,238.00	¥2,970.00	¥15,119.00	¥18,089.00
9	20230006	李江	福州	¥2,358.00	¥280.00	¥1,179.00	¥1,459.00
10	20230007	唐钊英	福州	¥26,231.00	¥820.00	¥13,115.50	¥13,935.50
11	20230008	周航	福州	¥5,822.00	¥190.00	¥2,911.00	¥3,101.00
12	福州 汇总			¥34,411.00	¥1,290.00	¥17,205.50	¥18,495.50
13	20230009	黄光泽	广州	¥3,555.00	¥603.00	¥1,777.50	¥2,380.50
14	20230010	刘玲	广州	¥3,929.00	¥350.00	¥1,964.50	¥2,314.50
15	20230011	陈思雅	广州	¥4,066.00	¥202.00	¥2,033.00	¥2,235.00
16	20230012	朱伟	广州	¥26,093.00	¥379.00	¥13,046.50	¥13,425.50
17	广州 汇总			¥37,643.00	¥1,534.00	¥18,821.50	¥20,355.50
18	20230013	余海燕	贵阳	¥15,855.00	¥282.00	¥7,927.50	¥8,209.50
19	20230014	盛黔渝	贵阳	¥22,785.00	¥182.00	¥11,392.50	¥11,574.50
20	贵阳 汇总			¥38,640.00	¥464.00	¥19,320.00	¥19,784.00
21	20230015	包小琴	杭州	¥10,110.00	¥824.00	¥5,055.00	¥5,879.00
22	20230016	陈小君	杭州	¥16,122.00	¥271.00	¥8,061.00	¥8,332.00
23	20230017	夏天齐	杭州	¥6,822.00	¥189.00	¥3,411.00	¥3,600.00

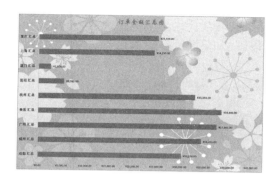

10.4.1 制作基本表格

客户订单表的基本表格包括数据的输入、数字格式的设置及公式的使用与填充等知识。

1. 制作表格框架

客户订单表根据各企业的要求有所不同,具体操作方法如下。

第1步 ● ❶ 新 建 一 个 名 为"客 户 订 单表.xlsx"的空白工作簿,单击工作表左上角的▲按钮,选择所有单元格;❷在【开始】选项卡的【对齐方式】组中单击【居中】按钮三,如下图所示。

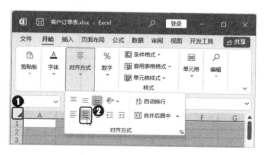

第2步 ● ❶选择 A1:G1 单元格区域;❷单击【开始】选项卡【对齐方式】组中的【合并后居中】按钮▣,如下图所示。

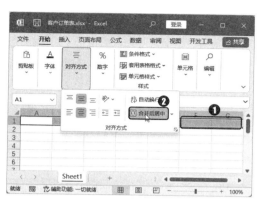

第3步 ● ❶在 A1 单元格中输入标题文本;❷在【开始】选项卡【字体】组中设置字体格式,如下图所示。

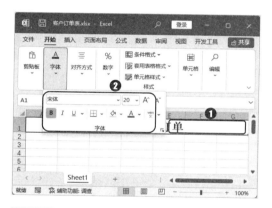

第4步 ● ❶在 A2:G2 单元格区域输入表头文字;❷在【开始】选项卡【字体】组中设置字体和字号,如下图所示。

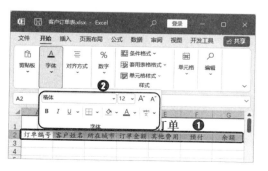

第5步 ▶ 在A3单元格输入订单编号，然后将鼠标指针移动到该单元格的右下角，当鼠标指针变为＋形状时，按下鼠标左键不放，向下拖动鼠标至A30单元格，释放鼠标后，将出现【自动填充选项】按钮📋，❶单击该按钮；❷在弹出的下拉菜单中选择【填充序列】单选项，如下图所示。

第6步 ▶ ❶选择【订单金额】【其他费用】【预付】【余额】列的单元格区域，右击鼠标；❷在弹出的快捷菜单中选择【设置单元格格式】选项，如下图所示。

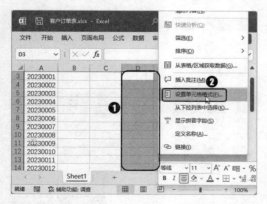

第7步 ▶ ❶打开【设置单元格格式】对话框，在【分类】列表框中选择【货币】选项；

❷设置【小数位数】为"2"；❸单击【确定】按钮，如下图所示。

第8步 ▶ 输入订单数据，在输入金额数据时将自动转换为货币格式，如下图所示。

2. 计算预付金额和余额

使用公式可以快速地计算出预付金额和余额，具体操作方法如下。

第1步 ▶ 选择F3单元格，在编辑栏中输入"=D3*50%"，按下【Enter】键计算出第一个客户的预付款，如下图所示。

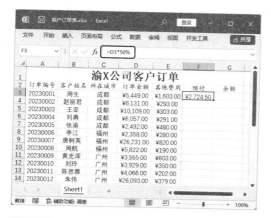

第2步 将鼠标指针移动到F3单元格的右下角,当鼠标指针变为+时按下鼠标左键不放,向下拖动鼠标填充公式,计算出其他客户的预付款,如下图所示。

第3步 选择G3单元格,在编辑栏中输入"=(D3+E3)-F3",按下【Enter】键计算出第一个客户应付的余额,如下图所示。

第4步 将鼠标指针移动到G3单元格的

右下角,当鼠标指针变为+时按下鼠标左键不放,向下拖动鼠标填充公式,计算出其他客户应付的余额,如下图所示。

3. 绘制边框

数据输入完成后,可以为表格设置边框,具体操作方法如下。

第1步 ❶选择A2:G30单元格区域;❷单击【开始】选项卡【字体】组中的【边框】下拉按钮 ；❸在弹出的下拉菜单中选择【线型】选项;❹在弹出的子菜单中选择一种线条样式,如下图所示。

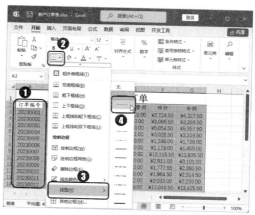

第2步 ❶单击【开始】选项卡【字体】组中的【边框】下拉按钮，❷在弹出的下拉菜单中选择【线条颜色】选项；❸在弹出的子菜单中选择【绿色】，如下图所示。

第3步 ❶单击【开始】选项卡【字体】组中的【边框】下拉按钮，❷在弹出的下拉菜单中选择【所有框线】选项，如下图所示。

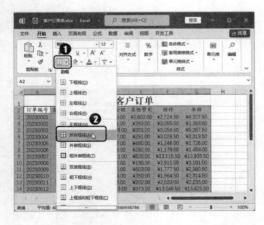

10.4.2 按地区对数据进行汇总

客户订单表制作完成后，为了更方便地查看数据，可以对表格进行汇总。

1. 排序工作表

在汇总数据之前，需要先为数据排序，具体操作方法如下。

第1步 ❶选择 A2:G30 单元格区域；❷单击【数据】选项卡【排序和筛选】组中的【排序】按钮，如下图所示。

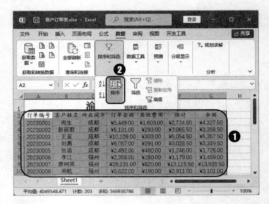

第2步 ❶打开【排序】对话框，设置【主要关键字】为【所在城市】，【排序依据】为【单元格值】，【次序】为【升序】；❷单击【确定】按钮，如下图所示。

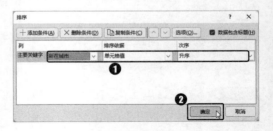

2. 分类汇总数据

分类汇总数据可以方便地查看所在城市的汇总数据，具体操作方法如下。

第1步 ❶选择 A2:G30 单元格区域；❷单击【数据】选项卡【分级显示】组中的【分

类汇总】按钮, 如下图所示。

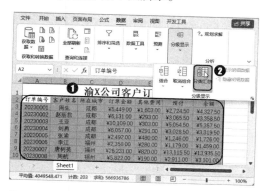

第2步 ❶打开【分类汇总】对话框, 设置【分类字段】为【所在城市】,【汇总方式】为【求和】; ❷在【选定汇总项】列表框中选中【订单金额】【其他费用】【预付】和【余额】复选框; ❸单击【确定】按钮, 如下图所示。

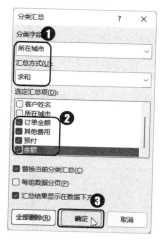

第3步 ❶选择任意应用了边框样式的单元格; ❷单击【开始】选项卡【剪贴板】组中的【格式刷】按钮🖌; ❸当鼠标指针变为🔁形状, 拖动鼠标选择最后两行为其应用边框样式, 如下图所示。

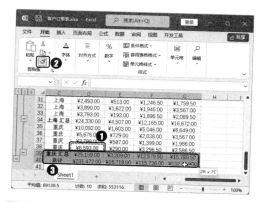

第4步 在行标上方单击【2】按钮, 将隐藏所有明细数据, 如下图所示。

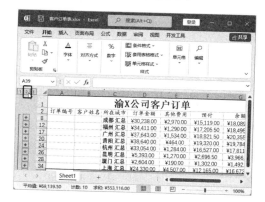

第5步 ❶使用鼠标右击 "Sheet1" 工作表标签; ❷在弹出的快捷菜单中选择【重命名】命令, 如下图所示。

第6步 ▶ 工作表名称将呈选中状态，输入新工作表名称，然后按下【Enter】键或使用鼠标单击工作表任意位置即可，如下图所示。

10.4.3 创建图表对比各地区的数据

只是依靠分类汇总并不能直观地对比各地区的资金情况，此时可以创建图表查看数据，具体操作方法如下。

第1步 ▶ ❶选择汇总城市与汇总订单单元格区域；❷单击【插入】选项卡【图表】组中的【插入柱形图或条形图】下拉按钮；❸在弹出的下拉菜单中选择【簇状条形图】选项，如下图所示。

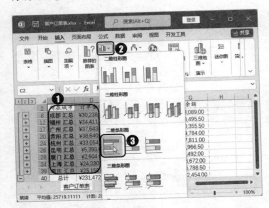

第2步 ▶ ❶选择插入的图表；❷单击【图表设计】选项卡【位置】组中的【移动图表】按钮，如下图所示。

第3步 ▶ 打开【移动图表】对话框，❶选择【新工作表】单选项，在右侧的文本框中输入新工作表的名称；❷单击【确定】按钮，如下图所示。

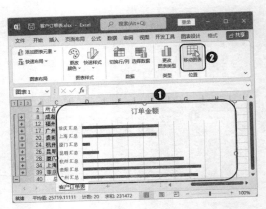

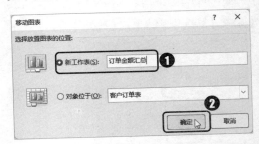

第4步 ▶ ❶为图表重新设置标题；❷在【开始】选项卡【字体】组中设置标题的字体样式，如下图所示。

第5步 ❶单击【图表设计】选项卡【图表布局】组中的【添加图表元素】下拉按钮；❷在弹出的下拉菜单中选择【数据标签】选项；❸在弹出的子菜单中选择【数据标签外】选项，如下图所示。

第6步 ❶单击【图表元素】按钮➕；❷单击【网格线】右侧的▶按钮；❸在弹出的子菜单中取消选中所有复选框，如下图所示。

第7步 ❶选中图表；❷单击【格式】选项卡【形状样式】组中的【形状填充】下拉按钮🖌；❸在弹出的下拉菜单中选择【图片】选项，如下图所示。

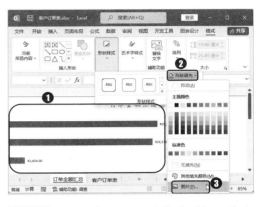

第8步 打开【插入图片】对话框，单击【联机图片】选项，如下图所示。

第9步 进入【联机图片】界面，❶在搜索框中输入关键词，然后按【Enter】键搜索图片；❷在下方的搜索结果中选择合适的图片；❸单击【插入】按钮，如下图所示。

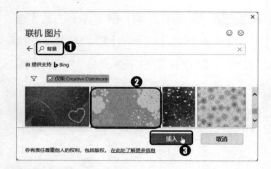

第10步 ❶在图表区右击鼠标；❷在弹出的快捷菜单中选择【设置图表区域格式】选项，如下图所示。

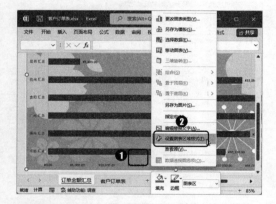

第11步 打开【设置图表区格式】窗格，❶设置【透明度】为【30%】；❷单击【关闭】按钮 ×，如下图所示。

第12步 ❶选择"垂直（类别）轴"；❷在【开始】选项卡【字体】组中设置字体样式，如下图所示。

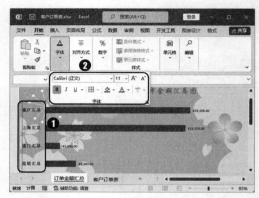

第13步 ❶单击任意图表系列，选中所有系列；❷单击【格式】选项卡【形状样式】组中的【形状填充】下拉按钮；❸在弹出的下拉菜单中选择一种填充颜色，如下图所示。

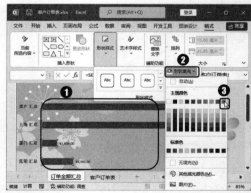

第14步 返回工作表中，即可看到图表的最终效果，如下图所示。

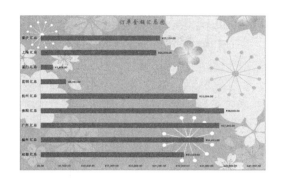

如果在"客户订单表"工作表中展开明细数据，图表中将自动添加明细数据系列。

ChatGPT 答疑与点拨

通过前面知识的学习，相信读者朋友已经掌握了在市场管理中必需的实用技能，如插入并编辑文本框、插入与编辑表单控件、保护工作表。下面结合本章的内容，让 ChatGPT 给读者介绍一些实用的操作技巧，从而让你在市场管理中如鱼得水。

01 如何在粘贴数据时对数据进行目标运算

在编辑工作表数据时，如果发现整体数据有规律的偏差，可以使用复制和粘贴功能，在粘贴时对数据进行运算。如果不知道具体应该如何操作，可以在 ChatGPT 中寻找答案。

⌨ **提问：** 在粘贴数据时如何对数据进行目标运算？

⑤ChatGPT：

在 Excel 中，可以在粘贴数据时进行目标运算，方法如下。

1. 复制要粘贴的数据。

2. 选择你要粘贴到的单元格，并在【粘贴】选项中选择【选择性粘贴】。

3. 在【选择性粘贴】对话框中，选择你要执行的运算，如加、减、乘或除。

4. 单击【确定】按钮，Excel 将在目标单元格中执行所选的运算，并粘贴结果。

请注意，如果你希望将运算结果粘贴为值，而不是公式，请在【选择性粘贴】对话框中选择【数值】选项。

根据以上回答，在"销售订单"工作表中，将"单价"都提升"6元"的具体操作方法如下。

第1步 ▶ 打开"素材文件\第10章\销售订单.xlsx"工作簿，❶在任意空白单元格中输入"6"后选择该单元格，按【Ctrl+C】组合键进行复制；❷选择要进行计算的目标单元格区域，本例中选择E5:E10；❸在【开始】选项卡的【剪贴板】组中单击【粘贴】按钮下方的下拉按钮；❹在弹出的下拉列表中单击【选择性粘贴】选项，如下图所示。

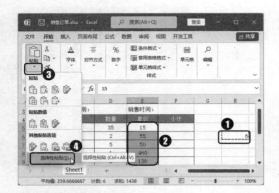

第2步 ▶ 弹出【选择性粘贴】对话框，❶在
【粘贴】栏选择【数值】选项；❷在【运算】
栏中选择计算方式，本例中选择【加】；❸单
击【确定】按钮，如下图所示。

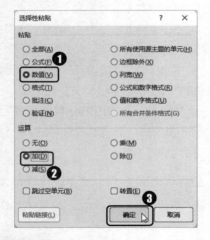

第3步 ▶ 操作完成后，表格中所选区域数
字都加上了6，如下图所示。

02 如何对表格数据进行嵌套分类汇总

　　对表格数据进行分类汇总时，如果希
望对某一关键字段进行多项不同汇总方式
的汇总，可通过嵌套分类汇总方式实现。
如果之前没有接触过嵌套分类汇总，那么
此时可以通过ChatGPT先了解怎样操作。

> 🔟 **提问：** 如何对表格数据进行嵌套分类
> 汇总？

⑤ChatGPT：

　　进行嵌套分类汇总的步骤如下。

　　1. 准备数据表格：首先需要准备要进行
分类汇总的数据表格，其中包含需要分类汇
总的数据和分类的列。

　　2. 选择汇总方式：根据需要的分类方式，
选择Excel提供的分类汇总方式，例如，使
用数据透视表或Excel的函数。

　　3. 添加分类列：将需要分类的列添加到
透视表的行或列区域。

　　4. 添加汇总数据：将需要汇总的数据添
加到透视表的值区域。

　　5. 进行分类：根据需要进行分类，例如，
按照不同地区或产品分类。

　　6. 嵌套分类：如果需要进行嵌套分类汇总，
可以在透视表中添加多个分类列，将数据分层
分类汇总。

　　7. 查看汇总结果：最后查看汇总结果，
并根据需要进行格式调整和其他数据处理。

　　总之，嵌套分类汇总是Excel中重要的
数据分析技能，能够帮助用户快速汇总和分
析大量数据。

结合以上的回答，如果要在"员工信息表.xlsx"中，以【部门】为分类字段，先对【缴费基数】进行求和汇总，再对【年龄】进行平均值汇总，具体方法如下。

第1步 ▶ 打开"素材文件\第10章\员工信息表.xlsx"工作簿，❶选择"部门"数据列的任意单元格；❷单击【数据】选项卡【排序和筛选】组中的【升序】按钮 ↓，如下图所示。

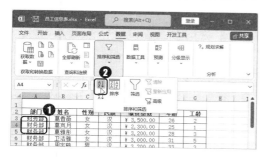

第2步 ▶ ❶选择数据区域中的任意单元格；❷单击【数据】选项卡【分级显示】组中的【分类汇总】按钮，如下图所示。

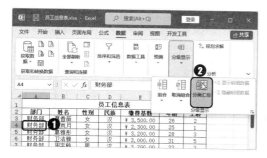

第3步 ▶ 打开【分类汇总】对话框，❶在【分类字段】下拉列表中选择【部门】选项，在【汇总方式】下拉列表中选择【求和】选项；❷在【选定汇总项】列表框中勾选【缴费基数】复选框；❸单击【确定】按钮返回工作表，如下图所示。

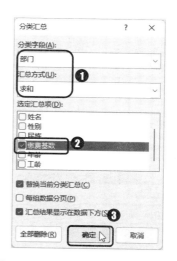

第4步 ▶ 返回工作表，可以看到以【部门】为分类字段，对【缴费基数】进行求和汇总后的效果，如下图所示。

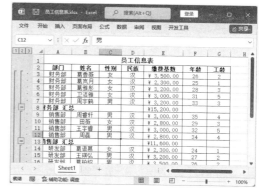

第5步 ▶ ❶选择数据区域中的任意单元格，再次打开【分类汇总】对话框，在【分类字段】下拉列表中选择【部门】选项，在【汇总方式】下拉列表中选择【平均值】选项，在【选定汇总项】列表框中勾选【年龄】复选框；❷取消勾选【替换当前分类汇总】复选框；❸单击【确定】按钮，如下图所示。

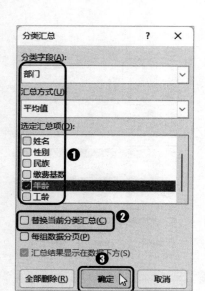

第6步 ▶ 返回工作表，可查看嵌套汇总后的最终效果，如下图所示。

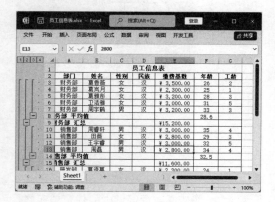

03 如何在一个图表中使用多个图表类型

若图表中包含多个数据系列，还可以为不同的数据系列设置不同的图表类型。

> 🔟 **提问：** 如何在一个图表中使用多个图表类型？

> **⑤ChatGPT：**
>
> 要想在一个图表中使用多个图表类型，可以使用Excel的组合图表功能。以下是一些基本步骤。
>
> 1. 选中要用于创建图表的数据。
>
> 2. 在【插入】选项卡中选择所需的图表类型。例如，你可以选择【柱形图】。
>
> 3. 在【图表设计】选项卡中，选择【更改系列图表类型】，将打开【更改图表类型】对话框。
>
> 4. 在【更改图表类型】对话框中，选择要添加到图表中的第二个图表类型。例如，你可以选择在同一图表中添加【折线图】。
>
> 5. 单击【确定】按钮，Excel将创建一个具有两个不同图表类型的组合图表。
>
> 你可以通过重复这个过程，向图表中添加更多图表类型，并调整它们的位置和大小，以达到最佳效果。注意，在一个图表中使用多个图表类型需要谨慎，确保不会使图表过于复杂或难以理解。

从以上的方法中可以看出，更改图表类型的操作需要打开【更改图表类型】对话框，而除了以上的方法外，使用快捷菜单也可以打开【更改图表类型】对话框。例如，要在"销售情况表"中，对某一个数据系列使用折线图类型的图表，具体操作方法如下。

第1步 ▶ 打开"素材文件\第10章\销售情况表.xlsx"文件，右击任意数据系列，在弹出的快捷菜单中选择【更改系列图表类型】选项，如下图所示。

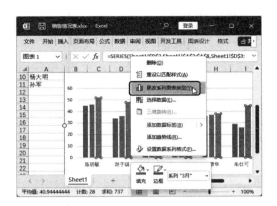

第3步 ▶ 返回工作表中，即可看到所选的系列已经更改了图表类型，如下图所示。

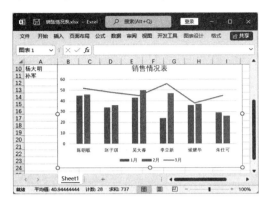

第2步 ▶ 打开【更改图表类型】对话框，自动定位到【所有图表】选项卡的【组合图】界面，❶在右侧的【为您的数据系列选择图表类型和轴】列表框中，为系列选择需要的图表类型；❷单击【确定】按钮即可，如下图所示。

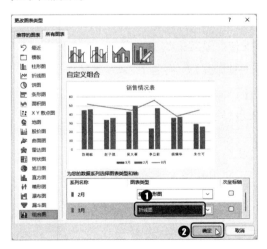

Excel

第11章

工作总结与报告

本章导读

在文秘与行政工作中，制作工作总结和报告是最常见的工作内容。本章先通过 ChatGPT 让读者学习和掌握工作总结与报告的基础知识，再通过 Excel 来制作《年度销售计划表》和《产品销售管理汇总表》，介绍 Excel 在文秘与行政工作中制作工作总结和报告文档的实操技能，帮助文秘与行政人员轻松、快速、高效地处理数据。

知识要点

- 输入公式
- 使用单变量求解
- 制订方案

- 插入数据透视表
- 插入数据透视图
- 插入切片器

11.1 使用 ChatGPT 了解工作总结与报告

在工作中，经常需要对过去一段时间的工作进行总结和分析，并将结果写成报告，以便更好地向上级领导或团队成员展示工作进展和成果，其重要性不言而喻。因此，了解工作总结与报告的基本原则和方法，是每个职场人士必备的能力，所以，在学习制作工作总结与报告之前，不如先通过 ChatGPT 了解一下工作总结与报告。

11.1.1 工作总结的注意事项

工作总结是提高工作效率、梳理工作思路、规划下一步工作的重要手段。在撰写工作总结时，需要注意一些事项，以确保工作总结的准确性和实用性。下面来跟着 ChatGPT 一起看一看工作总结的注意事项，避免发生遗漏。

> 💬 **提问：** 工作总结的注意事项有哪些？

⑤ ChatGPT：

工作总结是对一段时间内的工作内容、工作成果、工作效果等进行回顾、总结和分析的过程，具有很重要的指导和参考作用。以下是一些工作总结的注意事项。

1. 时间范围：应该明确时间范围，如按年度、季度、月份等进行总结，确保总结的内容全面、准确。

2. 突出重点：应该明确工作重点，突出工作成果，体现工作亮点。

3. 客观真实：应该客观真实地反映工作情况，不能夸大其词，更不能虚报假账。

4. 具体细致：应该具体细致地叙述工作内容和成果，如数字、数据、图表等，方便查阅。

5. 问题分析：应该对工作中存在的问题进行分析，找出原因并提出解决方案，以便改进工作。

6. 评估效果：应该评估工作效果，如成本、收益、投入产出比等，以便为今后的工作提供参考。

7. 思考总结：应该深入思考工作总结的意义和价值，并总结经验和教训，为今后的工作提供借鉴和启示。

8. 重视反馈：应该重视工作总结的反馈和意见，并加以改进和完善，提高总结的质量和效果。

综上所述，工作总结的注意事项包括准确记录工作内容和成果，突出重点和难点，结论性总结和建议，以及语言表达的规范性和准确性等方面。只有注重这些细节，才能使工作总结更加完善、实用和有价值。

11.1.2 年终汇报的要点

年终汇报需要全面反映公司在过去一年的运营情况、业务成果、经济状况及未来发展方向等信息，具有重要的决策意义。因此，在进行年终汇报时，需要注意汇报内容的全面性、真实性、客观性和准确性，同时还需要关注汇报的形式和方式，使汇报更具说服力和可操作性。

所以，在进行年终汇报之前，可以在ChatGPT的帮助下总结年终汇报的要点。

> 🔟 **提问：** 年终汇报的要点有哪些?

⑤ChatGPT：

年终汇报是企业每年结束时对本年度业绩和运营情况进行总结与分析的重要工作。以下是年终汇报的一些要点。

1. 总结本年度业绩和成就，分析业绩提升和下降的原因，包括销售业绩、收入和利润增长情况等。

2. 按照公司的战略目标，分析公司在市场上的地位和竞争力，评估公司在市场上的表现，以及与竞争对手的比较。

3. 评估公司各个部门的绩效，包括销售、生产、人力资源等方面，分析部门的业绩和效率，评估员工的表现。

4. 根据过去的业绩和趋势，预测未来的市场和行业发展，制订下一年的目标和计划。

5. 强调公司的长期战略和愿景，阐明公司未来的方向和目标。

6. 探讨公司可能面临的挑战和机遇，并提出应对策略。

7. 分享公司的成功案例和最佳实践，鼓励员工分享自己的经验和想法。

8. 反思过去的不足，总结经验教训，提出改进建议。

9. 呈现数据、图表和图形，以支持年终汇报的内容和分析。

10. 强调公司的价值观和文化，展现公司的社会责任感和企业形象。

综上所述，年终汇报是企业一年中最重要的总结之一，它不仅仅是对过去一年工作的总结，更是对未来规划的展望和引导。

11.1.3 文秘与行政工作年终汇报时需要的表格有哪些

作为文秘与行政工作人员，年终汇报时需要准备一些表格来进行汇总和总结，以便更好地了解和评估工作的进展和成果。此时，可以先在ChatGPT的帮助下查看有哪些需要制作的表格，做到心中有数。

> 🔟 **提问：** 文秘与行政工作年终汇报时需要的表格有哪些?

⑤ChatGPT：

文秘与行政工作年终汇报时需要的表格如下。

1. 工作日志表格：记录每日的工作内容和完成情况，有助于回顾工作进展和规划未来的工作。

2. 会议记录表格：记录会议的主要议题、参会人员、讨论结果等信息，有助于跟进会议决策并进行相关工作。

3. 收发文记录表格：记录收到和发出的文件的类型、时间、文号、主题等信息，有助于管理文件流转并保证工作效率。

4. 用品清单表格：记录办公用品和设备的种类、数量、领用情况等信息，有助于管理用品的供应和使用。

5. 费用报销表格：记录各种费用的发生情况和报销情况，有助于管理财务流程和控制费用支出。

6. 人员档案表格：记录员工的个人信息、工作经历、培训情况等信息，有助于管理员工信息和评估绩效。

7. 差旅报销表格：记录出差的目的地、时间、交通方式、费用等信息，有助于管理差旅流程和控制费用支出。

8. 请假记录表格：记录员工请假的类型、时间、原因等信息，有助于管理员工请假情

况和保证工作安排。

这些表格可以帮助文秘与行政工作人员有效管理和跟进各项工作，提高工作效率和工作质量。

在了解了需要制作的表格后，在制作表格时，除了需要根据各公司的要求编制表格外，还需要考虑读者的需求和接受能力，确保表格内容准确、清晰、易懂，避免出现过多的专业术语和数据混淆。

11.2 制作《年度销售计划表》

在年初或年末的时候，企业常常会提出新一年的各种计划和目标，如产品的销售计划。销售计划通常会依据上一年的销售情况，为新一年的销售额提出要求。本例将应用Excel对新一年的销售情况做出规划，确定要完成的目标、各部门需要完成的总目标等。

本例制作年度销售计划表，制作完成后的效果如下图所示。实例最终效果见"结果文件\第11章\年度销售计划表.xlsx"文件。

	当前值	销售计划1	销售计划2	销售计划3	销售计划4
方案摘要					
可变单元格：					
重庆分部	6000	5142.857143	6000	5800	7200
成都分部	6000	7200	6000	6200	7200
昆明分部	6000	12000	6000	7000	7200
长沙分部	6000	6428.571429	6000	6800	7200
结果单元格：					
销售总额	24000	30771.42857	24000	25800	28800
总利润	7080	9000	7080	7584	8496

注释："当前值"这一列表示的是在建立方案汇总时，可变单元格的值。每组方案的可变单元格均以灰色底纹突出显示。

11.2.1 制作年度销售计划表

在对年度销量进行规划时，需要在年度销售计划表中添加相应的公式以确定数据间的关系。

1. 添加公式计算年度销售额及利润

在制订部门的销售计划时，需要在表格中添加用于计算年度总销售额和总利润的公式，具体操作方法如下。

第1步 ▶ 打开"素材文件\第11章\年度销售计划表.xlsx"文件，选择C2单元格，在该单元格中输入公式"=SUM(B7:B10)"，计算出B7:B10单元格区域中的数据之和，如下图所示。

第2步 ▶ 选择C3单元格，在该单元格中输入公式"=SUM(D7:D10)"，计算出D7:D10单元格区域中的数据之和，如下图所示。

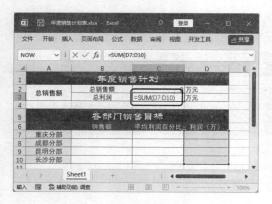

2. 添加公式计算各部门销售利润

各部门的销售利润应该根据各部门的销售额与平均利润百分比计算得出，所以应该在"利润"列中的单元格添加计算公式，具体操作方法如下。

第1步 ▶ 选择D7单元格，在该单元格中输入公式"=B7*C7"，计算出B7和C7单元格的乘积，以得到利润值，如下图所示。

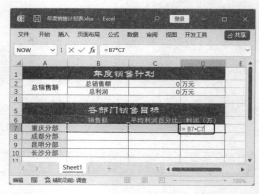

第2步 ▶ 拖动D7单元格右下角的填充柄，将公式填充至整列，如下图所示。

3. 初步设定销售计划

公式添加完成后，可以在表格中设置部门的目标销售额及其平均利润百分比，从而可以看到该计划能达到的总销售额及总利润。例如，假设各部门均能完成5000万元的销售额，而平均利润百分比分别为35%、25%、30%、28%，计算各部门的平均利润百分比操作方法如下。

将各部门的平均利润填入表格区域，即可计算出各部门要达到的目标利润、全年总销售额和总利润，如下图所示。

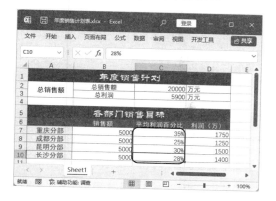

11.2.2 计算要达到目标利润的销售额

在设定计划时，通常以最终利润为目标，从而设定该部门需要完成的销售目标。例如，针对某一部门要达到指定的利润，该部门应完成多少的销售任务。在进行此类运算时，可以使用Excel中的"单变量求解"命令，以使公式结果达到目标值，自动计算出公式中的变量结果。

1. 计算各部门要达到目标利润的销售额

假设总利润要达到7200万，即各部门的平均利润应达到1800万。为了使各部门能达到1800万的利润，则需要计算出各部门需要达到的销售额，具体操作方法如下。

第1步 ❶选择【重庆分部】的【利润】单

元格D7；❷单击【数据】选项卡【预测】组中的【模拟分析】下拉按钮；❸在弹出的下拉菜单中单击【单变量求解】命令，如下图所示。

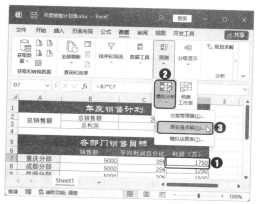

第2步 打开【单变量求解】对话框，❶设置【目标值】为【1800】；❷在【可变单元格】中引用要计算结果的单元格【B7】；❸单击【确定】按钮，如下图所示。

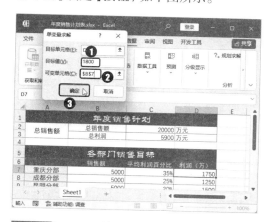

第3步 Excel将自动计算出公式单元格D7结果达到目标值1800时，B7单元格应达到的值，如下图所示。

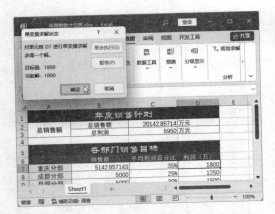

第4步 使用相同的方式计算出各部门利润要达到1800万时的销售额，如下图所示。

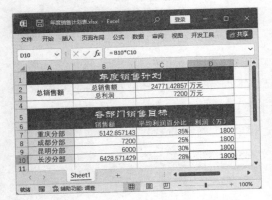

2. 以总利润为目标，计算一个部门的销售计划

假设为了使总利润可以达到9000万，现需要在当前各部门的基础上调整昆明分部的销售目标，此时应以总利润为目标，计算昆明分部的销售额，具体操作方法如下。

第1步 ❶选择【总利润】计算结果单元格；❷单击【数据】选项卡中的【模拟分析】按钮；❸在弹出的下拉菜单中单击【单变量求解】命令，如下图所示。

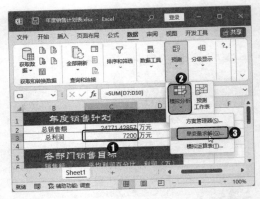

第2步 ❶打开【单变量求解】对话框，设置【目标值】为【9000】；❷在【可变单元格】中引用要计算结果的单元格【B9】；❸单击【确定】按钮，如下图所示。

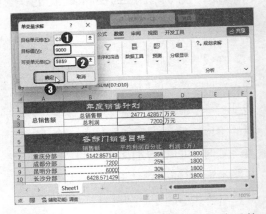

第3步 Excel将自动计算出公式单元格C3结果达到目标值9000时，B9单元格应该达到的值，如下图所示。

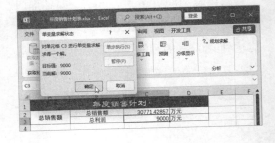

11.2.3 使用方案制订销售计划

在各部门完成不同的销售目标的情况下，为了查看总销售额、总利润及各部门利润的变化情况，可为各部门要达到的不同销售额制订不同的方案。

1. 添加方案

要使表格中部分单元格内保存多个不同的值，可针对这些单元格添加方案，将不同的值保存到方案中，具体操作方法如下。

第1步 ❶单击【数据】选项卡【模拟】组中的【模拟分析】下拉按钮；❷在弹出的下拉菜单中选择【方案管理器】命令，如下图所示。

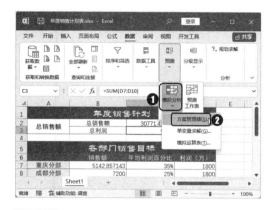

第2步 在打开的【方案管理器】对话框中单击【添加】按钮，如下图所示。

第3步 打开【编辑方案】对话框，❶在【方案名】文本框中输入方案名称"销售计划1"；❷在【可变单元格】中引用单元格区域【B7:B10】；❸单击【确定】按钮，如下图所示。

第4步 打开【方案变量值】对话框，单击【确定】按钮，将当前单元格中的值作为方案中每个可变单元格的值，完成第一个方案的添加，如下图所示。

第5步 在【方案管理器】对话框中单击【添加】按钮，如下图所示。

第6步 ❶打开【添加方案】对话框，设

置新方案名称，并在【可变单元格】中再次引用【B7:B10】单元格区域；❷单击【确定】按钮，如下图所示。

第7步 ❶在打开的【方案变量值】对话框中设置4个可变单元格的值为【6000】；❷单击【确定】按钮完成新方案的添加，如下图所示。

第8步 使用相同的方法添加方案三和方案四，完成方案添加后，在【方案管理器】对话框的【方案】列表框中可以看到这四个方案的选项，如下图所示。

2. 查看方案求解结果

添加好方案后，要查看方案中设置的

可变单元格的值发生变化后表格中数据的变化，可以单击【方案管理器】对话框中的【显示】按钮。下面以显示【销售计划2】为例，介绍查看方案求解结果的操作方法。

第1步 打开【方案管理器】，❶在【方案】列表框中选择【销售计划2】；❷单击【显示】按钮，如下图所示。

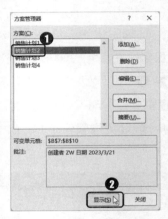

第2步 在工作表中，将应用【销售计划2】的结果，如下图所示。

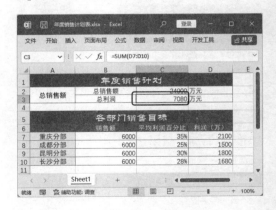

3. 生成方案摘要

在表格中应用了多个不同的方案，如果要对比不同的方案得到的结果，可以应用方案摘要，具体操作方法如下。

第1步 ▶ 打开【方案管理器】，然后单击【摘要】按钮，如下图所示。

第2步 ▶ ❶ 打开【方案摘要】对话框，在【结果单元格】文本框中引用单元格【C2:C3】；❷ 单击【确定】按钮，如下图所示。

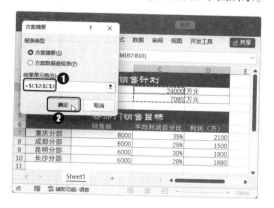

第3步 ▶ 返回文档即可看到生成的方案摘要，如下图所示。

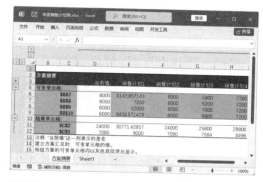

第4步 ▶ 修改摘要报表中的部分单元格内容，将原本为引用单元格地址的文本内容更改为对应的标题文字，并调整表格的格式，最终效果如下图所示。

11.3 制作《产品销售管理汇总表》

产品销售管理汇总是一个简单的汇总系统，用来对销售情况进行统计，并了解一段时间内各员工的总销售额和排名情况。产品销售管理汇总，可以让管理者一目了然地查看过去一段时间内公司的销售状况，是季度、年终的总结数据汇总，管理者可以凭借这些数据实现提高公司的销售业务和管理水平，节省销售人力成本等。

本例将制作产品销售管理汇总表，制作完成后的效果如下图所示。实例最终效果见"结果文件\第11章\产品销售管理汇总表.xlsx"文件。

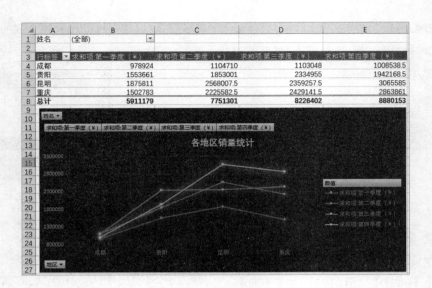

11.3.1　制作产品销售统计表

本例首先制作产品销售数据统计表，在输入数据后对数据进行求和与排序的操作，具体操作如下。

第1步 ▶ 新建一个名为"产品销售管理汇总表"的Excel工作簿，在工作表中输入数据并设置单元格格式，❶选择A1单元格；❷单击【开始】选项卡【样式】组中的【单元格样式】下拉按钮；❸在弹出的下拉菜单中选择一种标题样式，如下图所示。

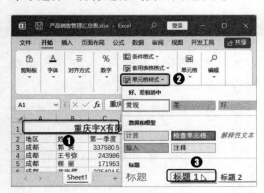

第2步 ▶ ❶选择 A2:H30 单元格区域；❷单击【开始】选项卡【样式】组中的【套用表格格式】下拉按钮；❸在弹出的下拉菜单中选择一种表格样式，如下图所示。

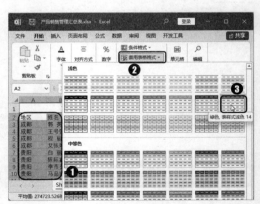

第3步 ▶ 弹出【创建表】对话框，直接单击【确定】按钮，如下图所示。

第4步 ❶单击【表设计】选项卡【工具】组中的【转换为区域】按钮；❷在弹出的对话框中单击【是】按钮，如下图所示。

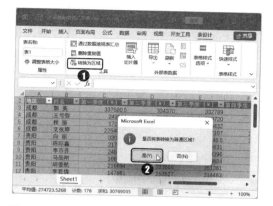

第5步 ❶选择C3:F3单元格区域；❷单击【公式】选项卡【函数库】组中的【自动求和】按钮，计算出第一位员工一年的总销售额，如下图所示。

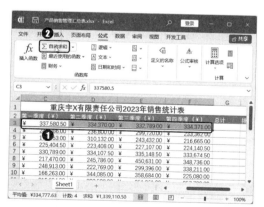

第6步 选择G3单元格，向下填充公式，计算出其他员工的总销售额，如下图所示。

第7步 选择H3单元格，在编辑栏中输入公式"=RANK.EQ(G3,$G$3:$G$30)"，按【Enter】键计算出结果，然后将公式填充到H4:H30单元格区域，计算出其他员工的排名，如下图所示。

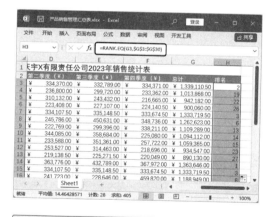

温馨提示

在按销售额排名的过程中，用到了RANK.EQ函数，这个函数用于返回某个数值在数字列表中的排位情况。因此，公式"=RANK.EQ(G3,$G$3:$G $30)"表示的含义是：对G3:G30单元格区域的数据进行排序。其中G3是指需要进行排序的单元格，$G$3:$G$30是指绝对引用G3:G30单元格区域的数值列表。

第8步 ❶单击【排名】列的任意数据单元格；❷单击【数据】选项卡【排序和筛选】组中的【升序】按钮↓↑，可以将排名从高到低排列，如下图所示。

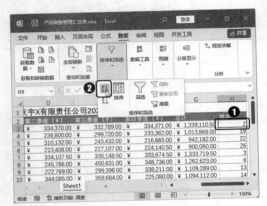

11.3.2 插入数据透视表汇总数据

创建数据透视表和数据透视图可以对产品销量统计表进行详细的分析，包括按地区分析和按季度进行分析。

第1步 ❶选择 A2:G30 单元格区域；❷单击【插入】选项卡【图表】组中的【数据透视图】按钮，如下图所示。

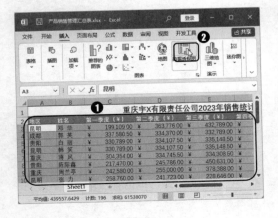

第2步 打开【创建数据透视图】对话框，保持默认设置不变，单击【确定】按钮，如下图所示。

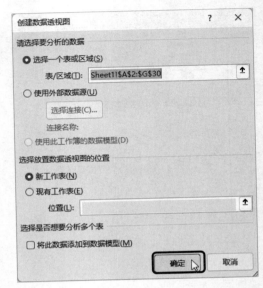

第3步 ❶将新建工作表命名为"产品销量数据透视图"；❷将【选择要添加到报表的字段】中的【姓名】复选框拖动到【在以下区域间拖动字段】栏中的【筛选】列表框中，如下图所示。

第4步 ❯ 在【数据透视图字段】窗格中，选中【选择要添加到报表的字段】列表框中的季度相关复选框，数据将添加到【值】列表框，如下图所示。

温馨提示 ◆

　　在数据透视表的【地区】行右击，在弹出的快捷菜单中选择【显示详细信息】命令，可以在新建的工作表中显示该地区的详细销售数据。

第5步 ❯ ❶选择数据透视图；❷单击【设计】选项卡【类型】组中的【更改图表类型】按钮，如下图所示。

第6步 ❯ ❶打开【更改图表类型】对话框，在【折线图】选项卡中选择一种折线图样式；❷单击【确定】按钮，如下图所示。

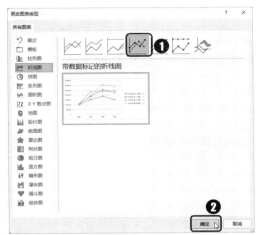

第7步 ❯ ❶选中图表；❷单击【设计】选项卡【图表布局】组中的【添加图表元素】下拉按钮；❸在弹出的下拉菜单中选择【图表标题】选项；❹在弹出的扩展菜单中单击【图表上方】命令，如下图所示。

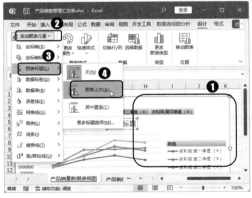

第8步 ❯ 输入标题文本【各地区销量统计】，如下图所示。

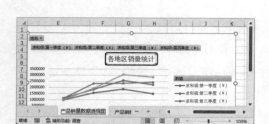

第9步 ❶右击数据透视图的竖坐标轴；❷在打开的快捷菜单中选择【设置坐标轴格式】选项，如下图所示。

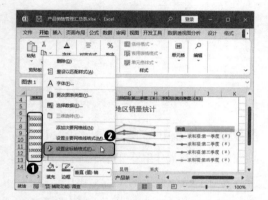

第10步 打开【设置坐标轴格式】任务窗格，❶在【坐标轴选项】栏中设置【边界】的【最大值】和【最小值】；❷单击【关闭】按钮×，如下图所示。

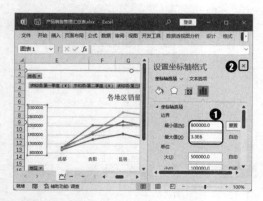

第11步 ❶选中数据透视表任意单元格；

❷在【设计】选项卡的【数据透视表样式】组中选择一种样式，如下图所示。

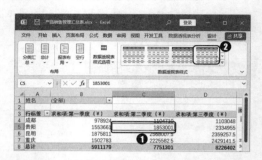

第12步 ❶选中图表；❷在【设计】选项卡的【图表样式】组中选择一种图表样式，如下图所示。

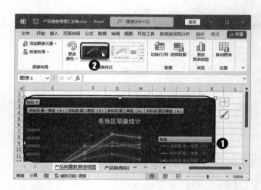

第13步 拖动数据透视图到数据透视表的下方，并通过四周的控制点，调整数据透视图的大小，如下图所示。

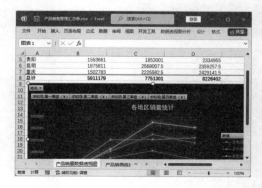

11.3.3 插入切片器

在数据透视表中使用切片器可以更快速地筛选数据，而且，切片器还会清晰地标记已应用的筛选器，提供详细的信息指示当前的筛选状态，从而便于其他用户能够轻松、准确地了解已筛选的数据透视表中所显示的内容，具体操作如下。

第1步 ❶将光标定位到数据透视表的任意单元格中；❷单击【数据透视表分析】选项卡【筛选】组中的【插入切片器】按钮，如下图所示。

第2步 打开【插入切片器】对话框，❶选中【地区】【姓名】【总计】复选框；❷单击【确定】按钮，如下图所示。

第3步 ❶按住【Ctrl】键不放，选择所有创建的切片器；❷在【切片器】选项卡中单击【快速样式】下拉按钮；❸在弹出的下拉菜单中选择一种切片器样式，如下图所示。

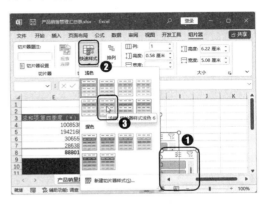

> **教您一招：快速插入切片器**
>
> 选中数据透视表中的任意单元格后，单击【插入】选项卡【筛选器】组中的【切片器】按钮，也可以插入切片器。

第4步 在地区切片器中选择相关选项，在数据透视图和数据透视表中显示相关的数据，如下图所示。

ChatGPT 答疑与点拨

通过前面知识的学习，相信读者朋友已经掌握了制作工作总结与报告工作簿的相关技巧，如单变量求解、方案管理、插入数据透视表和数据透视图等。下面结合本章内容，让 ChatGPT 给读者介绍一些在制作工作总结与报告时实用的技巧，让你在制作表格时可以轻松完成，避免遗漏。

01 对多张工作表的数据进行合并计算

在制作销售报表、汇总报表等类型的表格时，经常需要对多张工作表的数据进行合并计算，以便更好地查看数据。下面跟着 ChatGPT 学习，如何对多张工作表中的数据进行合并计算。

> 🔟 **提问：** 怎样对多张工作表的数据进行合并计算？

⑤ChatGPT：

要对多张工作表的数据进行合并计算，可以按照以下步骤进行操作。

1. 打开 Excel 文件，找到要进行合并计算的工作表。

2. 在【数据】选项卡中选择【合并计算】。

3. 在【合并计算】对话框中选择要合并的工作表，并设置合并方式和位置。

4. 在【合并计算】对话框中选择要合并的字段和运算符，并设置汇总方式和位置。

5. 单击【确定】按钮完成合并计算操作。

需要注意的是，在进行合并计算之前，需要确保所有要合并计算的工作表的数据结构相同，以避免出现错误的结果。

查看了 ChatGPT 的回答后，想必对于合并计算的方法已经了然于心，下面就将家电销售年度汇总表中的数据进行合并计算，具体操作方法如下。

第1步 ▶ 打开"素材文件\第 11 章\家电销售年度汇总 .xlsx"文件，❶在要存放结果的工作表中，选中汇总数据要存放的起始单元格；❷单击【数据工具】组中的【合并计算】按钮，如下图所示。

第2步 ▶ 弹出【合并计算】对话框，❶在【函数】下拉列表中单击汇总方式，如【求和】；❷将鼠标指针插入点定位到【引用位置】参数框，如下图所示。

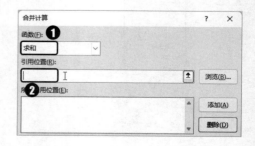

第3步 ❶单击参与计算的工作表的标签；❷在工作表中拖动鼠标选择参与计算的数据区域，如下图所示。

第4步 完成选择后，单击【添加】按钮，将选择的数据区域添加到【所有引用位置】列表框中，如下图所示。

第5步 ❶参照上述方法，添加其他需要参与计算的数据区域；❷勾选【首行】和【最左列】复选框；❸单击【确定】按钮，如下图所示。

第6步 返回工作表，完成对多张工作表的合并计算，如下图所示。

02 如何在数据透视表的项目之间添加空白行

创建数据透视表之后，有时为了使层次更加清晰明朗，可在各个项目之间使用空行进行分隔。如果不清楚添加空白行的方法，也可以在 ChatGPT 中提问。

> 🗨 **提问：** 如何在数据透视表的项目之间添加空白行？

⑤**ChatGPT：**

你可以按照以下步骤在数据透视表的项目之间添加空白行。

1. 在数据透视表上方的菜单栏中选择【数据透视表工具】选项卡。

2. 单击【设计】选项卡，在【布局】区域中找到【空白行】按钮。

3. 单击【空白行】按钮，在下拉菜单中选择需要在哪个项目之间添加空白行。

4. 重复以上步骤，可在多个项目之间添加空白行。

添加空白行后，可以通过拖动空白行的边缘来调整行高。在空白行中可以输入文本或公式，用于提供更多信息或计算结果。

根据上方的回答，如果要在每个项目之间添加空白行，具体操作如下。

第1步 打开"素材文件\第11章\销售业绩表.xlsx"文件，❶选中数据透视表中的任意单元格；❷在【设计】选项卡【布局】组中单击【空行】按钮；❸在弹出的下拉列表中单击【在每个项目后插入空行】选项，如下图所示。

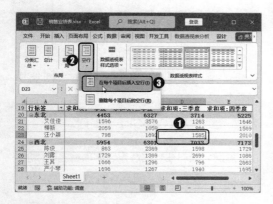

第2步 操作完成后，每个项目后都将插入一行空行，如下图所示。

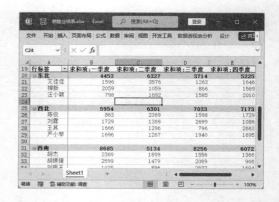

03 突出显示折线图表中的最大值和最小值

为了让图表数据更加清晰明了，可以通过设置在图表中突出显示最大值和最小值。那么，应该怎么操作呢？

提问： 如何突出显示折线图表中的最大值和最小值？

ChatGPT：

可以使用Excel中的函数在折线图表中显示最大值和最小值。步骤如下。

1. 在折线图表中选择要突出显示最大值和最小值的数据系列。

2. 在【设计】选项卡的【数据】组中，选择【选择数据】命令。

3. 在【选择数据源】对话框中，选择要修改的数据系列，并单击【编辑】按钮。

4. 在【编辑系列】对话框的【系列值】区域中，单击【系列名称】框下面的【＝】号，并输入以下公式：=MAX(数据范围)。

5. 其中，【数据范围】是包含要突出显示的数据的单元格范围。

6. 单击【确定】按钮，关闭【编辑系列】对话框。

7. 重复步骤4和步骤5，但是使用以下公式来显示最小值：=MIN(数据范围)。

8. 单击【确定】按钮，关闭【选择数据源】对话框。

9. 右击折线图表中的最大值和最小值，选择【格式数据系列】命令，并设置所需的格式选项。

完成上述步骤后，折线图表中的最大值和最小值应该会显示出来，并带有所需的格式。

虽然ChatGPT给出了答案，但操作比较复杂，其实，要突出显示折线图表中的最大值和最小值，还可以使用以下的方法来完成。

第1步 ▶ 打开"素材文件\第11章\员工培训成绩表.xlsx"文件，在工作表中创建两个辅助列，并将标题命名为【最高分】和【最低分】。选择要存放结果的单元格【C3】，输入公式"=IF(B3=MAX($B$3:$B$11),B3,NA())"，按下【Enter】键得出计算结果，利用填充功能向下复制公式，如下图所示。

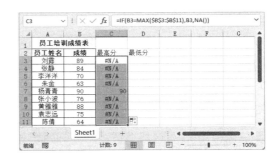

第2步 ▶ 选中单元格D3，输入公式"=IF(B3=MIN($B$3:$B$13),B3,NA())"，按下【Enter】键得出计算结果，利用填充功能向下复制公式，如下图所示。

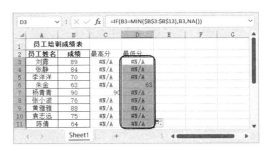

第3步 ▶ ❶选中整个数据区域；❷单击【插入】选项卡【插图】组中的【插入折线图或面积图】下拉按钮 ∿ ∨；❸在弹出的下拉列表中选择【带数据标记的折线图】选项，如下图所示。

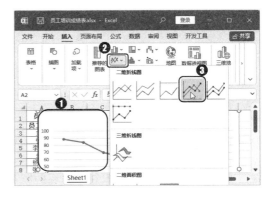

第4步 ❶在图表中选中最高数值点；❷单击【图表元素】按钮⊞；❸在弹出的【图表元素】窗格中勾选【数据标签】复选框，单击右侧的▶按钮；❹在弹出的扩展菜单中选择【更多选项】命令，如下图所示。

第5步 打开【设置数据标签格式】任务窗格，❶在【标签选项】界面的【标签包括】栏中勾选【系列名称】复选框；❷单击【关闭】按钮×，如下图所示。

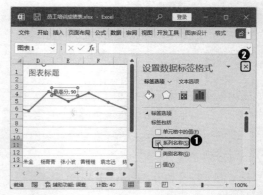

第6步 参照上述操作方法，将最低数值点的数据标签在下方显示出来，并显示出系列名称，如下图所示。

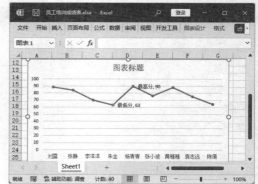